ヨーロッパ
ワイン文化史

銘醸地フランスの歴史を中心に

野村 啓介 著

東北大学出版会

Histoire culturelle du vin en Europe et en France

NOMURA Keisuke

Tohoku University Press, Sendai

ISBN978-4-86163-315-7

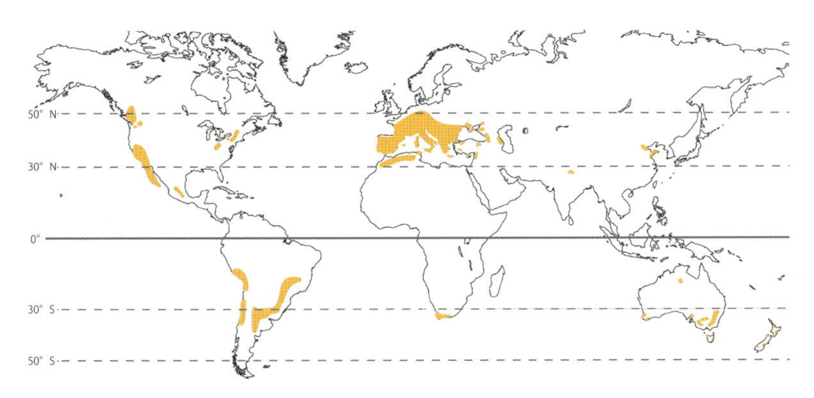

①世界のワイン生産地（現代）

②ボルドーのブルス広場

③メドック地区の葡萄畑

④シャトー・ラグランジュ（オ＝メドック地区）

⑤シャトー・クテット（サン＝テミリオン）

⑥地下カーヴ（サン＝テミリオン）

⑦ディジョンの街（リベラシオン広場）

⑧ディジョン南方につづくグラン・クリュ街道（コート＝ドール県）

はじめに

［1］「酒」の歴史を考察する意義

衣食住は，人間が生存するために最低限必要な条件であるといわれる。最近では，これに嗜好品に代表される「遊び」の要素も加味され，「衣食住遊」などという表現さえ出現した。海外の研究者には，嗜好品のさし示すニュアンスを母国語に翻訳することに苦慮し，原語のまま "shikohin" と表記するむきもあるようである［高田，公理；嗜好品文化研究会（2008）: 1-4］。栄養摂取を主目的としない嗜好品としての食は，古くから人間の生活に少なからぬ楽しみの要素をくわえてきたがゆえに，研究対象としても重視されている。現在，人間と嗜好品の関係に着目する研究は，さまざまな学問分野において着実に成果をあげている。

ヨーロッパ史学においても，嗜好品に対する関心はけっして低くない。じじつ近年では，食文化をつうじてヨーロッパの歴史を研究しようとする試みが増えてきた。大航海時代以降の「コロンブスの交換」によって惹起された食の異文化交流は，ヨーロッパの食生活に大きな影響をおよぼしただけでなく，ヨーロッパのさまざまなレベルでの歴史に深く刻印されている。いいかえればそれは，単に食にかかわる領域の現象にとどまらず，またヨーロッパ側からの一方的な影響力行使にとどまるわけでもなく，ヨーロッパとその進出先とのあいだで海を越えて相互に，かつさまざまに影響しあう関係を構築した。古くからヨーロッパで広くつくられつづけてきたワインは，こうした異文化間の影響関係において無視できない役割もになってきた。

ワイン史家ガリエの有名な『ワイン文化史』は，われわれが容易に参照できるワイン史関連書籍のなかでもっとも充実した内容を誇るもののひとつである。その翻訳者によるあとがきには，こうある。「美食外交はフランスの十八番である。それにしても単なる食べ物ではないか。我々はついそう思う。グラス一杯のワインに国の威信をかけるというのか。答えは然りである」と［Garrier (1995), ガリエ (2004)］。理屈ではわかりづらい固有のワイン文化が，そこには厳然として存在するのである。

もはやいうまでもなく，ワインはヨーロッパ文化の理解に不可欠な要素のひとつである。とすれば，ワインという飲料を切り口に，ヨーロッパ文化の諸相を歴史学的に考察し，またそのような作業をつうじて歴史的考察力を養うことが可能になるのではないか。しかし読者には，高校世界史や大学教養科目として多少なりとも歴史学に触れることがあったとしても，ワイン文化という視角から記述される歴史の書籍は，皆無ではないにせよ珍しくうつるのではないだろうか。教科書をつうじ「市民革命」によって「近代社会」が成立したことを学んだ記憶はあっても，フランスないしヨーロッパにおいて長い歴史を誇り，かつ多くの人びとに愛飲されてきたワインが，そうした歴史的事象といかなる関係にあるのかということも視野におさめた歴史を学習した経験はないに等しいにちがいない。じっさい，大学１～２年生むけの歴史授業でそのような内容の講義をすると，たいていの学生は珍しがってくれる。そのようなこともあり，本書は初学者にも理解しやすいよう可能なかぎり配慮した。

［2］歴史的思考力をきたえる

■しがない歴史教師のぼやき

歴史研究というのは，まこと割にあわない学術活動である。時間と金がかかるわりに，大した成果がでにくい。長年にわたってこつこつと一次史料を収集し，分析したところで，教科書の記述をガラッと変えることのできるような論文が書けるとはかぎらない。ましてや，すぐに世の中の「役にたつ」ほどの即効性があるわけでもなく，その意味で歴史学とはいわば「虚学」の一分野である[1]。

その反面，世間では歴史物の映画・ドラマや書籍が絶えることはない。近年では，『もういちど読む山川世界史』が売れているとも仄聞する。そのようななか，「歴女」などという新語も登場し定着した観がある（歴史への関心が男性の専有物であると考えられてきたからだろうか？）。こうした歴史に対する需要の高さをみて，しがない歴史教師はつかのまの安堵感を覚えるのである。

■大学講義は高校世界史の延長ではない

そういえばいつだったか，勤務校において担当する全学教育で，ナポレオン一族をテーマとする基幹科目「歴史と人間社会」を受講するある学生から，世界史履修の問題にもからんだ試験勉強に関するメイルを10年以上前にもらったことがある。

> 私は理学部に所属していて高校でも世界史はほとんど勉強してなかったので，ナポレオンに関する知識といったものは何一つ持ってないに等しいです。そのため今度のテストで点を取る自身（ママ）も無く，単位認定を受けられそうにありません。テストまであと3週間ほどですが，先ず何から始めるべきでしょうか？また先生は授業の中に「テストは全問記述形式」とおっしゃっていましたが，プリントの内容を把握する以外にも何かしらの文献を読むといった対策をしたほうが良いのでしょうか？無骨な質問とは思いますが，何卒よろしくお願い致します。

まあ，この手の言い訳をする学生は，いつの時代でもけっして少なくはない。そこで，さしあたり筆者はこう答えておいた。

> まず訂正をひとつ。ガイダンスでも言ったように，高校の世界史云々を理由にするのはやめましょう。高校時代の知識を採点するわけではありません。高校の内容程度なら，大学生活の1週間も費や

せば身につくようなチンケな内容ではないですか。不安ならば，高校時代の教科書でヨーロッパ史にあたる箇所をすべて読んでみてください。大した量ではないはずです。これから大学で学んでいく内容に比べたら金魚のフンみたいなもんです。

第二に，大学はあたえられたことだけをやるところでもありません。自分で自由に学問世界を切り拓いていくところです。したがって，各自が自分の関心にしたがって，自由に本を見つけだし読んでいく。これが大学の学問であって，学問の内容について教員があかしろこうしろということは大学ではありえません。授業内容を理解し，自分の関心を自分なりに深めていく。これこそが求められる姿です。以上に尽きます。

ちなみに，試験というものは公平性が重要です。だれか一部の人を特別扱いする，これはあってはならないことです。とすれば，ここでぼくがなにかを示唆したとしたら，不公平なことになるのではないですか？もしかすると，こうして返事することさえ不公平なことかもしれない。そういうわけで，基本的に，すべては皆の前で言ったことに尽きるのです。

少しばかり意地の悪い内容をも含む返答であったためか（若気の至り！），その後，この学生さんからの音沙汰は途絶えた。実際に高校世界史の復習をしてみればわかることだが，高校程度の内容は授業に織りこみずみであり，そういった基礎的な内容（歴史的背景）をふまえつつ授業はすすむ。とはいえ，勉強のしかたは高校時代とは大違いであって，まさか大学に来てまで高校世界史の教科書に毛が生えた程度の授業をするわけでは毛頭ない。

■常識を疑う知的態勢づくり

大学では，まずもって常識を疑う知的態勢づくりが不可欠となることだろう。ここにいう常識とは，既存の知識にほかならない。だから授業設計には，既存の知識を疑ってみるという知的行為を習慣づけるというねらいがこめられている。たとえば，教科書に記述されているのは，執筆者による思考的構築物，つまりひとつの考えかたである。それがただひとりの考えかたにすぎないのであれば，さして重くとりあげるにはおよばないだろう。しかしそれが，より多くの研究者によって合意されていれば，それは通説といわれるものになる。研究がすすんで通説に対する反論が蓄積していくと，もはやその通説は通説の座から脱落するしかない。ということは，いくら通説といえども，すでにそこには通説として通用しなくなる可能性を内包していることになる。だからこそ，われわれがそれを疑う余地があるのであり，「常識を疑う」というのはこうした理由から要請されるのである。いいかえれば，常識の根拠は何かということを問う姿勢が重要になってくる。

ここで，常識を疑う知的態勢は，推論力の増強と並行すべきである。これは，ある根拠から論理的に考えて結論をみちびきだす，という一連の思考プロセスにほかならない。あるひとつの常識は，なんらかの根拠にもとづいて，多くの人に妥当するものとして通用している。だとすれば，そのような常識を疑った結果として，それがよってたつ根拠を問いなおすことにもつながる。

したがって大学の講義は，考えるプロセスを軸にすえ進行する。それは，高校の授業に毛が生えた程度の内容ではまったくない。ましてや，インプットとアウトプットを正確におこなうよう訓練するという類の「職業人」生産工場でもない。授業で課されるレポート，宿題は，受講生が主体的に講義に参画するための装置にほかならない。いうなれば，大学の講義は〈思考実験の場〉であるとともに，歴史的思考力，すなわち研究する〈ココロ〉を鍛錬する場として構想されているのである[2]。

■歴史的思考力（歴史研究のココロ）を鍛錬する

かといって，「歴史的思考とは●●である！」などと，いきなり一方的に講釈しても，高校を卒業したての受講生は口をぽかーんと開け，目をパチクリさせながら呆然とするばかりである。まずは，受講生のみんなが今まさに目の前に目撃しているような，大学のしがない歴史教師のとりくむ歴史学と，高校までの歴史科目とのちがいについて少し考えてみたい。大ざっぱにいうと，次のようにまとめることができる。

「歴史」科目…歴史事実の羅列，多く暗記中心，というイメージ。
　　　　　　→記憶力の勝負に帰す。「一問一答式」的思考。
「歴史学」……歴史事象の要因・過程などを論理的，科学的に考察
　　　　　　する。＝歴史事実をもとに，過去を説明するための
　　　　　　考えかた（概念）をつくりあげる作業。

高校までは，歴史科目にかぎらず，目の前にあたえられた「知識」をインプットし，それを試験の時に，より正確に効率よくアウトプットすることが求められる[3]。しかし，そこでいう「知識」とは，自明であるかのごとくに教科書等において提示されるものの，実際には他の誰かがつくりあげた思考的構築物にすぎない。したがって，それは人間の能力が有限であるかぎり，永遠の真理などではありえない[4]。

歴史学（歴史研究といってもよい）は，そのような「知識」をつくりあげる現場にあって，教科書等にでてくるような歴史関連のさまざまなテーマに関する研究にたずさわる。そこでは，複数の歴史事実（史実）が分析され，それらの関係性を説明するための「考えかた」がつくりあげられる。この「考えかた」とは，概念といわれるものにほかならない。たとえば「市民社会」とか「革命」など，現実にあらわれる複数の事実を包括的に，かつ抽象的にとらえて呼称するときにもちいられる用語がそうである。

したがって，留意すべき点は歴史の事実（さしあたり確定された事実）と概念（説明，意見，学説）を混同しないことであり，このことはもちろん他の学問にも共通するところがあろう。

■本書の方針など

本書では，歴史理論をはじめ，過度に専門的な内容はできるかぎり避けることとし，それが必要なばあいでも最小限にとどめるよう努めた。また註記も必要最小限にとどめたが，本文での学習をさらに深く考察するため，余裕があるばあいには註記も参照してほしい。参照文献は巻末リストにまとめて記したので，さらに知識を掘りさげる際の参考にするとよい。くわえて，各章の最後には「ちょっとひと息」コーナーを配置した。このコーナーは，今まで受講生からよせられた質問と，それに対する教員のコメントをまとめたものであり，授業では補助プリントとして作成・配付したものである。ただし分量が多く，そのすべてを掲載するのは難しいため，学習効果が期待されると考えられるものを厳選して掲載した。

[3] 現代ワイン事情をかいまみる

■自称「ワイン好き」のウンザリする言動ランキング

2012年のボジョレ・ヌヴォ解禁日に，あるサイトでこのようなランキングが掲載されていた。おもしろおかしかったので，ここに転載しよう。「ワイン好き」のウンザリ行動ベスト20（いや，むしろワースト20か）。

1. うんちくが長い
2. ワインの知識をひけらかすばかりで，他の話題がない
3. これみよがしにワイングラスを回す
4. ワインの飲み方を指導してくる
5. 安いワインは試しもしない
6. ワインと食事の相性にこだわる
7. 高いワインをコレクションしている
8. そのワインがいつ作られたかにうるさい
9. オーダーする前にテイスティングしまくる

10. 自分のセンスありきで，料理に合わないワインを注文する
11. 味の説明が抽象的すぎる
12. ワインオーナーになっていることを自慢する
13. ワインの産地にこだわる
14. ワインの香りを嗅ぐ時に恍惚とした表情をする
15. ワイン飲んでいる時だけ饒舌
16. 異常に大きいワイングラスで飲む
17. 自宅のお風呂から出てワインを飲むときはバスローブを着用
18. ワインのそそぎ方にこだわる
19. ワインのコルクを一瞬嗅ぐ
20. ワイン漫画に描かれていたセリフをそのまま使う

いかがだろうか。どの項目も，ワインに詳しくない人にとっては，たしかに目障りに映る光景かもしれない。たとえば，ドラマなどでワインが小道具に使用される場面をみることがあるが，それはたいていなにかお洒落な雰囲気を醸しだすシーンを演出するためのアイテムのひとつとして登場することが多いように思われる。そのばあい，ボルドーやブルゴーニュのワイン（らしきもの）が利用されるのを常とする。そのような事情もあるのだろう，ボルドーとブルゴーニュといえば高級ワインの代名詞として認識され，それらを愛飲する行為は一般庶民に無縁の世界でのできごとであるという風に信じられる傾向が強いようである。

しかし，ボルドーとブルゴーニュといえども実にさまざまなタイプのワインがつくられており，その価格帯もピンからキリまである。また，上のランキングに登場する所作の多くはそれ相応の根拠があっておこなわれている行為だ。理解がすすみ，「ワイン知」が増えていけば，自然と上のような行動をとる受講生が続出することが予想される。ワイン知による「洗脳」がすすんでしまいそうな人は，どうぞご用心あれ。知らず知らずのうちに，グラスをぐるぐると回してしまっているかもしれないので…。

■酒類におけるワインの位置づけ

一般的な酒類の分類

まずは，酒類のなかでのワインの位置づけをごく一般的な分類法で確認しておこう〔**表 1**〕。まず酒のつくりかたによって醸造酒と蒸留酒にわけ，この両者を混合してつくるのが混成酒である。**表 1** は，さらにそれを原料のありかたに応じて分類した形である。ワインは，生鮮果実原料である葡萄果を原料とする醸造酒に分類される。

表 1　酒類におけるワインの位置づけ

分類	原料の違い	例
醸造酒	乾燥穀物原料	日本酒，ビール，老酒
	生鮮果実原料	ワイン，シードル
蒸留酒	穀物原料	ウォッカ，ウィスキー，ジン，焼酎
	果実原料	ブランデー類，カルヴァドス
混成酒	醸造酒原料	フレイヴァード・ワイン，ヴェルモット，デュボネ，リレ，サングリア
	蒸留酒原料	リキュール類

ワインの分類

次に，ひとことでワインといっても，実にさまざまな種類があるが，大別すると**表 2** のとおりとなる。

表 2　ワインの分類

	仏語表記（カッコ内は英語）
スティル・ワイン（非発泡性ワイン）	vin tranquille（still wine）
発泡性ワイン	vin effervescent，vin mousseux（sparkling wine） champagne（5 気圧〜） crémant（3 気圧〜）/ pétillant（〜 3 気圧）
酒精強化ワイン	vin fortifié（fortified wine） シェリー，ポルト，マデイラ，マルサラ, VDN, VDL
フレイヴァード・ワイン	vin aromatisé（flavoured wine） 薬草・果実・甘味料・エッセンス添加

■ワインの生産・消費

世界のワイン生産（2014年：OIVによる[5]）

［葡萄栽培面積］754万ha

［ワイン生産量］2,700万kl

［生産国］フランス・イタリア・スペイン・アメリカ・アルゼンチン・オーストラリア・中国・南アフリカ・チリ・ドイツ…の順に生産が多い。

［生産量］フランス4,700万hl，イタリア4,400万hl
····日本95,163 kl（2014年度国税庁）

なお，世界のワイン生産地については口絵①を参照のこと。

世界のワイン消費（2014年：OIVによる）

［消費］2,400万kl

［国別の年間消費］

アメリカ合衆国・フランス・イタリア・ドイツ・中国・イギリス・アルゼンチン・スペイン・ロシア・オーストラリアの順に消費が多い（2015年時点）。

［一人あたり消費量］（ℓ/year）

フランス58，イタリア48，ポルトガル45，スイス41，デンマーク34，スペイン34，ハンガリー34，オーストリア29········日本2

ヨーロッパのワイン消費[6]

主だったヨーロッパ諸国のワイン消費は，**図1**のとおりである。

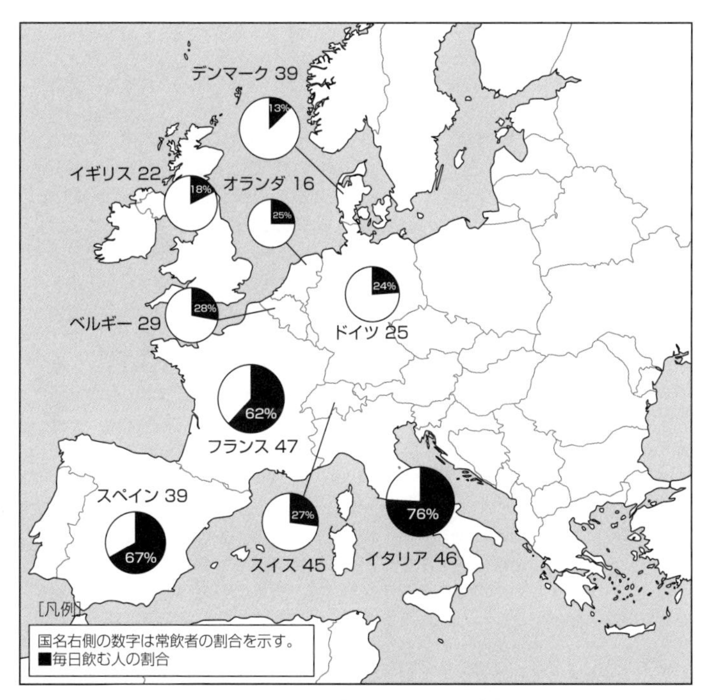

図1　ヨーロッパ主要諸国のワイン消費

〔Gautier（1996）: 96-98 より作製〕

これによれば，ワイン常飲者はフランス，イタリア，スイス，スペイン，デンマークが 40 ～ 50％と多く，そのうち毎日飲むという者の割合はフランス，イタリア，スイスなどが 30％程度を占めて上位にある（全体としてワイン常飲者は 35％）。多少なりとも飲むと答えた人をくわえた割合になると，デンマーク，スイス，ドイツ，フランスの順で多い。他方で，まったく飲まないと答えた割合は，オランダ，スペイン，イタリアなどに多い。

このようにワインを飲む人の多寡をみると，地域的な特徴がある程度までそこに反映されているようにみえる。では，いかなる特徴を読みとるべきだろうか。次章以降の歴史的展開の学習を終えたあとで，もう一度ここへたちもどって考えてみてほしい。

【註】

1 と，こういってしまうと自暴自棄にみえてしまうかもしれないが，これはただ受講生の注意をひくためのいわばポーズとして自嘲気味にいっているだけであって，本講義担当者たるしがない歴史教師は，自分の研究が真に虚学だと思って研究をしているわけではない。そもそも，「実学」か「虚学」かなどという俗世間の浅薄な評価などというものは一顧だにしていない。ましてや，「役にたつ」か否かという俗世間のものさしにいたっては脳裏にさえない。ただ，「悲しいかな，専門外の研究者や歴史に興味のない学生からみれば歴史学が『虚学』にみえることは否定できないだろう」というニュアンスを含ませたといったところか。おまけに，世間一般からみれば，歴史研究なんていうのは好事家の所業のようにもみえるかもしれない。…とまあ，そうした複雑な心境を反映して，本講義担当者は，自分のことを「しがない歴史教師」と称しているのである。これ，意外に大事なところです。

2 したがって，どんな素朴なものであっても，疑問をもつことが大事であることはいうまでもない。おのおのの受講生はそれぞれに異なる観点をもつはずなので，各自がいだく疑問も多様なはずである。授業中に少数の特権階級が楽しんでいる「質問ノート」は，実はそのような意味をもっている。リベラル・アーツが特権階級の専有物であったように，この「質問ノート」もそうなのだ…。

3 これは，「一問一答式」的思考による「洗脳」といってもよいほどである。雑学的知識の有無を問うたぐいの，内容のゆるいクイズ番組がやたらと多いのも，こうした洗脳の弊害なのかもしれない…などと想像をふくらませると寒気がしてくる。こうした洗脳から脱出するには，各人が自覚的に知識が生産された局面について考え，その知識を相対化するしかない。既存の知識とは他のだれかの生産物なのだから，安易に知識に踊らされることになってしまうと，それは他人の手のひらの上で踊っているのと同じことになってしまう。そもそも，教育には人間の社会化をめざす側面もあるから，表現は悪いが，社会にとって都合のよい人間をつくりあげる過程でもある。教育とは，一種の洗脳なのである。そこにおいて一問一答式の思考法が礼賛されれば，雑学的知識の有無を問う姿勢に疑問がもたれなくなるのも無理はない。

4 世の中には，人間理性がいずれすべてを知りつくすことができるようになると考える楽観論者が少なからずいるようである。しかし，すべてを知りえたかどうかを証明するのは人間であり，たとえそれが証明されたとしても，そのことを確かなことと判断するのも人間である。普遍の真理にいたったと判断できた人間は，もはや有限の存在とはいえない。はたして，そのような人間は存在しうるのだろうか。

5 Organisation Internationale de la Vigne et du Vin（国際葡萄・ワイン機構）。2001年に設立された国際組織で，パリに本部をおく。サイトには，さまざまな資料が公開されている。http://www.oiv.int/fr/lorganisation-internationale-de-la-vigne-et-du-vin〔2017年11月14日閲覧〕

6 1990年に Société d' Etudes de la Consommation, de la Distribution et de la Publicité (SECODIP) によっておこなわれた9カ国18,000人を対象とする調査にもとづく。Gautier (1996) : 96.

[目　次]

I ヨーロッパワイン文化の歴史的探求にむけて

【本章の概観】

本書はタイトルに「ヨーロッパワイン文化史」を標榜しているが，ここには少なくとも「ヨーロッパ」，「ワイン」，「文化」，「歴史」という4つの要素が含まれている。たしかに，読者はこのことをとくに気にとめることなく，次章以降を読みすすめることができるだろう。とくに「ワイン」については，本書記述の前面にうちだされているため問題ない。しかし，他の3つの要素はよほど意識しないかぎり，深く考えながら読みすすめる読者は多くなかろう。だとすれば，本題にはいる前に，これらの諸要素それぞれが意味するところについて多少なりとも確認しておくことは無駄ではない。本章では，ごく簡単にではあるがそれらの基本的観点を整理しておきたい。ただし，高校で世界史を学習して久しい読者，あるいは歴史科目に苦手意識をもつ読者などは，次章から読みすすめてもらってもかまわない。

Ⅰ　ヨーロッパワイン文化の歴史的探求にむけて

［1］歴史研究とは？

■学問としての歴史学

「歴史」のもつ二重の意味

歴史研究というものをより深く考えるきっかけづくりのために，「歴史」という語彙がもつ意味をみてみよう。「歴史」という語は，"history"の訳語として造語されたものである。そこで，原義にさかのぼって考察するために，英語・仏語・独語の相当語を参照してみよう。よくひきあいにだされるのは，一般に「歴史」と訳されるラテン語系の "histoire / history" とドイツ語 "Geschichte" という 2 系統の語彙である。

- ► 仏 histoire / 英 history（＜羅 historia）
- ► 独 Geschichte（＜動詞 geschehen）

ラテン語の "historia" 系列の語のうち，"history" について辞典をひもとくと，" ① to learn by inquiry, ② to narrate what one has learnt " という意味が載せられている。ドイツ語の "Geschichte" は，動詞 "geschehen"「おきる，生ずる」の名詞形であるから，「生起したもの・こと」という含意をもつ。ここには，歴史研究の二面性がよく表現されている。すなわち，「過去の探究を記述すること」と「過去の事実」という二つの側面である[7]。ところが，これらの西欧語は「歴史」と訳出されるのがふつうである。「歴史」という二つの漢字をみて上のような二つの側面は伝わってくるだろうか。

「歴史学」

後述のとおり，歴史研究（歴史学）は史料の奴隷である。そして，研究に着手するときの問題意識は，研究主体たる研究者自身がおかれた現在という時間性に制約される。それだけではなく，研究史（先行研究）によっても制約される。もちろん研究者が自由に問題を設定してもよいのだが，過去の研究蓄積を無視するわけにもいかないのである。なぜなら，すでに明らかになったことについて，同じことをくりかえすわけにはいかないからである。したがって，既存の研究によって何が明らかになり，何がいまだ明らかでないか，といったことをふまえる必要がある。このように，ある程度，研究者集団（学界）によって営まれ体系化された歴史研究を，今後は「歴史学」と呼ぶことにしよう。つまり歴史学とは，歴史研究の専門家による学問行為を意味する[8]。

さて，このように定義される歴史学は，学問全体のなかでどのように位置づけられるだろうか。学問の分類について，もっとも卑近な例では，文系と理系に分類するやりかたがある。大学組織では，もう少し厳密に人文科学・社会科学・自然科学という三分法がもっとも人口に膾炙している。これをもっと簡略化して，人間科学と自然科学の二分法が採用されることも少なくない。こうした分類において，歴史学は文系とされる慣習が根づいており，上の三分法においては人文科学，二分法では人間科学に分類されるのが一般的である。

こうした「常識」は，はたして疑う余地のない考えかたなのだろうか。それ以前に，歴史学とは，一個の確立した学問分野をなしているのだろうか。この問題を考える材料として，さしあたり以下の諸点に言及しておこう。

歴史研究は過去・現在・未来への関心から成立する

そもそも，人はなぜ過去を知りたいと思うのだろうか，あるいはまた，人はどんなときに「歴史」をかえりみようとするのだろうか。

この問いに対する回答は，問う主体によって異なってしかるべきであるが，いずれにせよ「過去」のもつ意味に，上の問いに対する回答へのヒントも含まれているはずだ。端的にいえば，〈過去・現在・未来〉は一体のものとして時間軸にそって流れていく。そこには，現在の位置づけを知りたい，さらには未来を展望したいといった欲求が横たわっているにちがいない[9]。また，こうした欲求によりそう形で，未知の状態を解消したいという人間本来の欲求も存在することだろう。歴史研究は，そうした欲求を背景にしつつも，それとは別に個々の研究者がみずからの問題意識にもとづいて，それぞれの専門領域を研究している。ただし，その研究が，かならずしも社会的需要を喚起する（えてして俗受けする側面が強い）とはかぎらない。

以上より，もし歴史が苦手だという意識があるとすれば，それは己が現在を知ろうとしていないからだともいえる。阿部謹也が次のようにいうとき，まさしく以上のような意味においてであった。彼によれば，歴史研究とは，

・過去の自分を正確に再現すること

・現在の時点で過去の自分を新しく位置づけていくこと

である[10]。

歴史研究とは「変化の学」である

たとえば，「過去」を探求するとしよう。そうすると，その「過去」はみずからのうちに〈過去・現在・未来〉を内包するはずである。すると，その「過去」を探求する際には，必然的にそれが内包するところの過去から未来へと流れる時間軸にそって考察をすすめることになる。換言すれば，それは時間経過に応じて変化していく諸局面を視野におさめることであり，このことはとりもなおさず，歴史研究がなによりも変化の相を考察する学問だという特徴を示している。

時間軸にそった変化という側面は，一方で時代区分や因果連関（原因と結果）という考えかたに帰着することにもなりうるし，他方ではそうした時間の経過（歴史展開）に影響した人物や思想，制度などの役割を探るということにもつながりうる。

「歴史文学」とのちがいとは？　―似て非なるもの―

高校の世界史を履修した人の口からは，世界史担当教師が「History は Story だ」と説明していたという話をよく耳にする。たしかに，語源的には "story" がラテン語 "historia" にまでさかのぼることはまちがいない。とはいえ，シャレとしてはおもしろい表現だが，これは一考を要する。もちろん "story" とは「物語」を意味する言葉で，それが "history" と同次元で語られてしまうと，歴史学（より広義に歴史研究といってもよい）と文学作品のちがいがわからなくなってしまう。

歴史文学で使用される用語の定義は，アバウトでもかまわない。アバウトさによって用語には多義性が生じ，その多義性の中からひとつの解釈をたぐりよせる知的営為は読者にまかされる。そもそもフィクションであるから，読者には想像の自由が保障される。しかし，これが歴史学（歴史研究）に適用されてしまっては，何でもありになってしまう。とくに歴史学は，研究の蓄積の上にたって，史料分析をかさねながら研究をすすめていく。その意味で，歴史学は史料の奴隷である。研究の過程では，用語の厳密な定義や概念の提示がおこなわれる。そうやってできあがった研究成果は，ひとつの仮説であって，後続の研究者による批判の対象になる。このように，歴史学（歴史研究）と歴史文学は本質的に異なるものである[11]。

■「歴史」（または「過去」）を探求する

「過去」をいかにして知ることができるか？

しかしそれにしても，われわれはいかにして「過去」を知ることができるのだろうか。少し難しい表現をつかえば，「過去」はどのようにして認識されるのか，といってもよい。いや，そもそもそんなことができるのだろうか。「過去」は，すでにすぎさってしまい，タイムマシーンでもないかぎり眼前で直接的に確認することができないのである。

読者は，ここではたと気づくことだろう。「それは，過去だけでなく，現在と未来についても，ほぼ同じことではないのか」と。われわれは，同じ時にありながら，現在のことをすべて知ることはできない。マスコミをつうじて報道されるニュースでさえ，ものごとのごく小さな断片しか伝えない。ましてや，未来のことなど知りようがない，というわけである[12]。

卑近な例として，「昨夜のごはん」の事例を考えてみよう。それは，どんな品目で，どんな材料からなり，その調理法はいかなるものだったか…などと思考をめぐらせてみよう。さらには，なぜそれをつくったのか，あるいはなぜ食べたのか，それを食べたときの自分の心情はいかなるものだったか，逆にそれをつくった人はどのような気持ちで調理にあたっていたのだろうか…。「現在」にあるわれわれは，それらの問いにどこまで答えることができるだろうか。この問いに対する回答はきわめて悲観的であり，よほど詳細にメモをとっていたとしても，そこには限界があるというものである。あとになってふりかえるときに，メモをみて思いだそうとしても，断片的にしか「昨夜のごはん」をめぐる問題を明らかにはできないことであろう。

歴史的思考の重要性

「昨夜のごはん」でさえ，このていたらくである。ましてや，はるかに複雑な人間社会の「過去」となると，もはや絶望的な気分に陥る。「歴史的思考」などという漢字5文字で書いてしまうと，いかにもおどろおどろしくみえてしまうから不思議なものだが，とくにかわったことをいっているわけではない。たとえばそれは，上にみた「昨夜のごはん」を思いだす行為と似ている（もちろん大きく異なるところもあるが)。つまりそれは，「過去」を知ろうとする人間の行為である。過去をふりかえって考察することならば，だれでもいつでも実践していることではないだろうか。それだけではない。「現在」を考えることもまた，歴史的思考力を発揮すべき局面である。現在とは，過去のつみかさねの上になりたつ。つまり，現在は過去を内包するのである。同様に，現在は「未来」をも内包する。それは，現在のなかにこそ，未来へと展開する種子が存在するはずだからである。結局，過去を考察することは，現在と未来に関心をもつことと表裏一体なのである。

ところで，ここでしっかりと腑に落としておかねばならないのは，まずなによりも人間は過去（歴史）を直接的に認識することができないということである。だから，歴史研究は一筋縄ではいかないともいえる。それどころか，「歴史研究」と表看板をだしていなくとも，研究に「過去」がはいりこんでくる研究は山とあり，ここにもまた同じ問題がでてくることだろう。歴史的思考力を鍛える価値があるのは，これゆえである。

歴史学では，史料分析にもとづいて論理的に過去を解明しようとするわけであるが，こうした作業というのは，過去をふりかえるという日常的実践をたしかな根拠にもとづいておこなうという行為と共通している[13]。それどころか，考察の対象は過去でなくともよい。同時期に存在する「他者」のことをわかろうとする行為も，過去を解明しようとする行為にかなり多くの部分で共通するのではないか。というのも，それは自分にとっての未知を知ろうとする行為にほかならないのだから。こう考えてくると，歴史的思考なるものは，より一般的にいえば，未知を知ろうとする知的行為にほかならず，「過去」を知ろうとするとき，それが「歴史学」という学的営為となって表現されるということに思いあたるであろう。大ざっぱにではあるが，そのようなイメージだと思えばよい。

歴史研究は史料を認識の源泉とする

ここで「過去」への探求を投げだしてしまえば，歴史研究などというものは成立しようがない。そこで次善の策として浮上するのが，過去にうしなわれてしまったことはすっぱりあきらめて，わかりそうなことを確実に知ろう，という戦術である。

では，どうすれば「過去を思いだす行為」を歴史研究において実践できるだろうか。ましてや，自分が経験したことのない「過去」など，どうすれば「思いだす」などということができるのだろうか。ここで，過去の遺物や文書といった歴史研究のための史料が重要になってくる。史料が「昨夜のごはん」のメモに相当することはいうまでもない。史料は，考察対象となる時代に産みおとされた証言者である。だから，ひとまずはこの史料を手がかりにして過去の探求にとりかかることになる。

これでめでたしめでたし，とはならない。いざ手にとった史料が，過去に関していかなる「現実」を証言しているのか（反映しているのか）という問題が生ずるからである。そこで，史料を批判的に解読するという作業が不可欠になる。こうしてはじめて，歴史研究者は，あらゆる手段（つまり史料）をつうじて「過去」を知るための手がかりを獲得することができるようになる。その作業は，刑事が事件の真相をつきとめようと，あちらこちらの現場を証拠集めのために飛びまわるのと同じことである。歴史研究者は，現場で証拠を集めるかわりに，解明しようとする歴史事象にかかわる史料という証拠をもちいて，「過去」を明らかにしようと試みるのである。

歴史研究（「過去」の把握）は，概念をつうじておこなわれる

これでようやく，めでたしめでたし…ということにもならない。さらに大きな問題が待ちかまえているのだ。それは，タイムマシーンの例をひきあいだして言及したこととかかわる問題であり，われわれは過去の事物を眼前で直接的に認識することができないということである。よって，思考の産物である概念によって過去のありかたを理解したり，表現したりするしかない。しかもその概念は，厳密に定義されることにより，他の者も共有できる内容をもつものでなければならない（そのかぎりにおいて客観的な概念であるといえる）。

これは大変なことになった。もちろん，だれにでも明確で客観的な概念を提示できるならば，それにこしたことはない。それが簡単にはできないから，大変だといっているのだ。そもそも人間は，大きな全体の部分しか認識できない。ひとつの時代とはいっても，そこには無数のできごとがつまっている。こうした全体を把握することなど，有限の存在で

ある人間には不可能である。複数の学説が生まれるのは，こうした事情が密接にからんでいる。そこで，一人の人間の有限性を克服すべく，可能なかぎりそれをおぎなおうとするために，研究者は先行研究（先人の英知）を丹念に調べたうえで，みずからの研究をすすめることになる。

歴史とは，現在の問題意識によってとらえられ構築された過去である

歴史研究についての他の重要な側面は，歴史研究が現在の問題意識によってとらえられるということに関連する。概念の構築は，現在を生きる人間によってなされるのだから，研究者が時空を超えた超人的な能力をもつ存在でないかぎり，そこでつくられる概念は研究者の問題意識に制約されるのである[14]。

またここには，アナクロニズムの危険も潜んでいる。それは，現在の「常識」をついうっかり過去に投影してしまう危険性である。たとえば，ある過去の時代に現在と同じ用語がつかわれているからといって，それが同じ意味においてつかわれていたとはかぎらない。たとえ同じ用語であっても，時代によってその意味が変化するのがふつうであり，時代に即した語義の確定が必要になってくるのである。たとえば，本書であつかう「フランスワイン」という呼称もまたしかりである。これについては，本書を読みすすめるにしたがって，ワインの産地呼称という考えかたに帰着することが理解されることだろう。あるいは外来語に関連して，筆者が原語にさかのぼって考察すべきであると強調するのは，アナクロニズムの危険性という考えかたの延長線上にある（後述）。

■時代区分

歴史の発展段階論

歴史の勉強をしていると，かならずといってよいほどお目にかかるのが年表というやつである。年表は，できごとや事件などを時系列的にならべているだけではなく，時代区分も記載しているはずである[15]。ここ

で，そうした時代区分が何を意味しているのかについて考えてみることは，歴史的思考を鍛えるうえでけっして無駄なことではない。なぜなら時代区分は，歴史（過去）を探求する現在の問題意識をよく反映するからである。ためしに，歴史教科書の目次にみる時代区分を観察してみてほしい。何が同じで，何が異なるだろうか。それらの教科書執筆者の問題意識や歴史観とは，どのようなものであると考えられるだろうか。

資料1　いくつかの西洋史概説書の目次

①『西洋史概説』（東京大学出版会　第4版 1988）

第1章　古典古代世界	(1) 古典ギリシアの政治と社会 (2) 古典ギリシアの文化 (3) ヘレニズム世界とローマ共和政 (4) ローマ元首政 (5) 古代末期 (6) ヘレニズム－ローマ文化とキリスト教
第2章　ヨーロッパ世界の成立	(1) ゲルマン古代 (2) フランク王国　(3) ビザンツ・スラブ世界 (4) 西欧封建社会　(5) 商品経済の発生 (6) 封建社会の崩壊　(7) 中世キリスト教文化 (8) 市民的精神の形成～ルネサンスと宗教改革～
第3章　絶対主義	(1) 絶対主義の時代 (2) 絶対主義の成立　(3)(4) 絶対主義諸国の盛衰 (5) 資本主義の形成　(6) 植民地の経営と対立
第4章　近代社会の成立	(1) 市民革命と近代社会 (2) イギリス革命　(3) 近代思想の発展 (4) アメリカ革命　(5) フランス革命 (6) ナポレオンとヨーロッパ (7) 産業革命
第5章　19世紀のヨーロッパ	(1) ウイーン体制と国民主義の発展 (2) 自由主義の発展と 1848 年の革命 (3) アメリカ合衆国の発展と南北戦争 (4) イタリア・ドイツの国家統一 (5) 東方問題とロシア (6) 19 世紀の文化
第6章　帝国主義の時代	(1) 帝国主義時代の特質 (2) 帝国主義形成期の列強 (3) 世界分割と列強の対立 (4) 同盟・協商体制 (5) 第一次世界大戦

第７章 ロシア革命とヴェルサイユ体制	(1) ロシア革命と大戦の終結 (2) ヴェルサイユ体制の成立 (3) 大戦後のヨーロッパ (4) アメリカ合衆国とソ連邦 (5) アジアの民族運動
第８章 ファシズムと第二次世界大戦	(1)恐慌下の世界 (2) 第二次世界大戦の開始 (3) 第二次世界大戦の終結
第９章　現在の西洋と世界	(1) 第二次世界大戦後の欧米諸国 (2) アジアの変貌 (3)「冷たい戦争」 (4) 最近の世界

②『解説西洋史』（南窓社　1992）

第１章　古代	(1) オリエント　(2) ギリシア　(3) ローマ
第２章　中世	(1) ゲルマンとフランク王国　(2) ビザンツ帝国 (3) 中世世界の展開　(4) 東方への宣教と東部開拓 (5) 中世から近世へ　(6) 東欧諸国の形成とロシア
第３章　近世	(1) ルネサンスと宗教改革 (2) 大航海時代とヨーロッパ世界経済の形成 (3) 絶対主義と宮廷文化
第４章　近代	(1) 市民革命　(2) 近代思想 (3) 産業革命と資本主義的世界体制 (4) 帝国主義と列強の国内情勢 (5) 社会運動の展開　(6) 19 世紀の科学と思想
第５章　現代	(1) 第一次世界大戦とロシア革命 (2) ヴェルサイユ体制とファシズム (3) 大恐慌とニューディール (4) 第二次世界大戦とヤルタ体制 (5) 戦後世界と冷戦体制の崩壊

③『西洋世界の歴史』（山川出版社　1999）

第１章　古代地中海世界	(1) 地中海世界の成立 (2) ギリシアのポリスとその社会 (3) ローマによる地中海世界統合 (4) ローマの帝政
第２章　中世ヨーロッパ世界	(1) 中世前期の社会と国家 (2) 中世盛期・末期の社会 (3) 王国と広域統治の発展 (4) 西ヨーロッパ中世世界の特質 補節　ビザンツ帝国と正教世界

第３章　近世国家と世界経済	⑴主権国家と宗教改革　⑵大国化への角逐 ⑶啓蒙と改革　　４経済生活の枠組み ⑸植民帝国と世界経済 　補節　オスマン帝国とヨーロッパ 　補節　ヨーロッパのなかのポーランド 　補節　近世のロシア 　補節　歴史人口学と家族史
第４章　近代社会と帝国	⑴革命の時代　　⑵自由主義と発展主義 ⑶帝国と国民統合　⑷ベル・エポック 　補節　ハプスブルク帝国 　補節　ラテンアメリカ
第５章　ヨーロッパ近代の崩壊	⑴世界戦争の衝撃　⑵大衆動員政治の時代 ⑶大恐慌と一国主義的分立状況の出現 　補節　社会主義とユートピア
第６章　現代世界のなかの西洋	⑴戦後世界システムとパクス・アメリカーナの形成 ⑵アジアの熱戦と米ソ冷戦 ⑶ヨーロッパの分裂と統合 ⑷成長の限界と生活革命 ⑸冷戦の終結と新国際秩序の模索 　補節　エスニシティーと文化のダイナミズム 　補節　「ジェンダー」という問い

ごく一般的には，【古代】・【中世】・【近世】・【近代】・【現代】などといった便宜的区分がよくもちいられる。なお『もういちど読む山川世界史』のばあい，より簡略に【古代】・【中世】・【近代】・【現代】という区分を採用する。とはいえ，これだけではそれぞれのタームが何を意味しているのか判然としない。したがって，ふつうは時代の特質や特徴を基準として時代区分がなされる。たとえば，【古代】は奴隷制を基盤とする社会に特徴づけられる時代である，というふうにである。このような時代区分は，かつてわが国でも一世を風靡したマルクス主義史観に多く影響されたものと考えることができる。それは，人間の歴史が（原始）共産制→（古代）奴隷制→（中世）封建制→（近代）資本制→社会主義（共産主義）という発展の諸段階をへて進歩していくという，いわゆる進歩史観の一種である[16]。

さしあたりここでは，執筆者の問題意識によってそれにもっとも適した時代区分が考案される，ということをふまえさえしておけばよい。そうするうちに，歴史の教科書等を読むときなど，自然と時代区分のしかたとその理由について自分で考えるようになればしめたものである。

本書の時代区分について

以上にみてきた時代区分とくらべれば，本書が採用したのはやや変則的である。それはワイン文化の史的展開を軸にすえたためであり，本書の目次をみてもらえばわかるように，一般的な時代区分とかならずしも一致しているわけではない。このことに留意しつつ，読みすすめてほしい。

[2] ヨーロッパ文化とは？

次に，自明な存在であるがごとくに語られる「ヨーロッパ」について簡潔に考察しておこう。というのも，ワインを純粋にアルコール飲料としてとらえるだけでは，そこにヨーロッパ文化的な要素などみじんも感じられないだろうからである。ワインをヨーロッパ文化の欠くべからざる一部分として理解しようとするならば，やはりヨーロッパ文化そのものについても考察しておく価値がある。

■ヨーロッパとは ―ヨーロッパ概念の歴史性―

ヨーロッパとは何か説明せよ。そう問われて回答に窮するのは，なにも学生だけではなく，歴史教師にとってもそれほど簡単な問題ではない[17]。

ヨーロッパという概念は，時をかさねるごとに，それを形成する思想的要素ないし意味内容が次々とつけくわわっていくことによりできあがってきたし，そのようにして形成されてきた概念は今後も変容しうる〔図2〕。つまり，「ヨーロッパ」が意味する内実は時代とともに変容するものなのである。だから，客観的に自明なヨーロッパがそこらへんに転がっているわけではない。ネットで検索でもしてみれば，なるほどヨーロッパについて膨大な情報がみつかる。しかし，それらをかき集めたところで，統一的な像をとりむすぶようなヨーロッパ概念は，頭のなかに容易に構築されはしない。以上に述べたことは，実をいえば，ごくあたりまえのことにすぎない。なぜなら，「現在」とは，過去から未来にむけてのひとコマにすぎないのだから。ヨーロッパとは，歴史的に形成されてきた地域であり，観念であり，ひいては文化，思想である。

「ヨーロッパ」の語源にさかのぼって考えてみる

そもそも，なぜ「ヨーロッパ Europe / Europa」というのか，語源にさかのぼって考察してみよう[18]。有力な説としては，「ヨーロッパ」の語彙が古代ギリシア神話の「エウロペー」に由来するというものがある。オリエントの専制に対して，自由の価値を強調する観念が「ヨーロッパ」と称されたというわけである[19]。この説にしたがうなら，初期の歴史段階での地理的範囲は漠然としか観念化されようがなく，ギリシアを中心としてそのごく近い周辺の一定地域を意味する程度のものになるだろう。

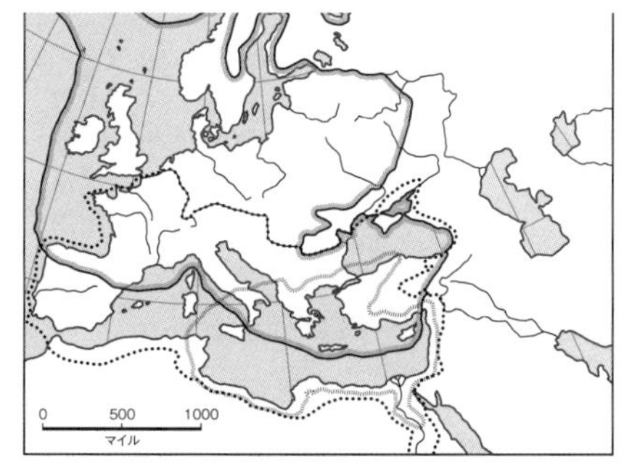

〔凡例〕 BC1000年ころのヨーロッパ
西暦紀元ころのヨーロッパ
AD1000年ころのヨーロッパ

図2　BC1000年からAD1000年までのヨーロッパの領域的拡大
〔ジョーダン（1989）：21より作製〕

とはいえ，上にみた語源をめぐる説には，ひとつ大きな示唆が含まれている。それは，ヨーロッパという意識（概念）が，その当事者のなかから自然発生的に生じたというよりも，オリエントという他者の存在を前にしてはじめて形成されたという側面である。いいかえれば，他の地域や文化との比較があってはじめて，自分というものの正体が自覚されはじめる，という側面が強いわけである。

わが国の例をたどれば，たとえばペリー来航をきっかとして国内にもりあがった攘夷運動は，尊王思想の影響とも結びつきながら日本を外国と対置し，後者を排撃したのであった。生麦事件（1862年）をはじめとして少なからぬ外国人が殺傷されたのは，こうした思潮に起因する悲劇であった。他方においてそれは，日本がひとつの運命共同体であるという観念ないしアイデンティティがより明確に形成される契機になったと考えることができる。その結果，国民統合を上から強力に推進しようとする明治国家が樹立されたことはよく知られている。

ヨーロッパ概念の主要な要素

ある通説では，ゲルマン人・ローマ文化・キリスト教という三つの側面が融合して，ヨーロッパ世界が成立したとされる［増田（1967）］。西ヨーロッパへと移動してきたゲルマン人がローマ帝国を滅ぼして，そこにゲルマン人による諸国家が樹立されたということは，世界史を勉強した者ならだれもが知っている。このゲルマン諸国家のなかで最強国として台頭したのがフランク王国である。現在のフランス・ドイツ・イタリアあたりに広がる地域を支配したフランク王国は，当然ながらローマ帝国の支配地域の多くの部分をうけつぐことになった。そのようななか，800年にフランク王シャルルマーニュ（カール大帝）がローマ皇帝に戴冠される。つまりフランク王国は，ここにみずからがローマ帝国の後継者であることを宣言したのである。フランク王はキリスト教に改宗し，キリスト教の布教を推進していたから，フランク王国にこそ上述の「ゲルマン人・ローマ文化・キリスト教」という三つの側面が融合したということになる（詳しくは第II章）。

この見解にしたがえば，三つの側面がでそろうのは古代末期から中世にいたる時代においてであるから（あくまで便宜的な時代区分のもとで），ヨーロッパ世界が明確に出現するのもそのころだということになる。したがって，古代においてオリエント世界との対比の観点からヨーロッパという概念が誕生したといえはしそうだが，これはまだヨーロッパ世界の萌芽にすぎない。

ここで，われわれはヨーロッパ世界のアイデンティティが形成されるのが，いかなる他者の登場によるものだったのかという問題を考察する必要がある。

ヨーロッパのアイデンティティ形成の契機

後述するように，ベルギーの経済史家アンリ・ピレンヌは，フランク王国に注目しつつ，イスラーム帝国の出現にともなって生じた，地中海をはさむ地域間対立を重視する。シャルルマーニュのローマ皇帝戴冠にみられるような，フランク王国を中心とするヨーロッパ世界の凝集性強化が，イスラーム帝国という他者の出現により促進されたとみるわけである（ピレンヌ学説）[20]。このイスラームとの対峙という側面は，そののち 11 世紀にはじまる十字軍という形で先鋭化した。聖地イェルサレムをめぐる対立は，第一義的にはキリスト教とイスラーム教の敵対関係であったが，キリスト教側の陣営はローマ教皇の呼びかけに応じて集結した，主としてフランス，ドイツを中心とする諸侯たちであり，十字軍遠征というできごとの背景にはヨーロッパのアイデンティティ強化がみられた。

以上，簡単に言及してきた側面からでさえ，ヨーロッパという地域概念の歴史性や複雑性を明瞭に観察することができるだろう。本書では，ヨーロッパというものをワインにかかわる範囲でしかあつかわないが，現代の EU をめぐる諸問題までをも視野にいれれば，事態はさらに複雑さを増すことだろう。いいかえれば，現在のヨーロッパは少なくとも過渡期にあるといえ，この先どのような運命が待ちかまえているのか，予断を許さない状況である[21]。次章以降では，「ヨーロッパワイン」や「フランスワイン」といった形で地域概念の問題に言及することになるので，そこにおいてワインをつうじたヨーロッパ概念について思索を深めたい。

■ヨーロッパ史学習の意義とは？

他者を知って，己を知る

ヨーロッパについて学ぼうとする人のなかには，ただ単にヨーロッパが好きだという人もいるだろう。これはこれで悪くないが，せっかくヨーロッパ史を学習するからには，もっとすすんでヨーロッパ以外の地に生まれ育った自分がヨーロッパのことを学習する意味は何かということについて，より自覚的，積極的に考えてみてもよい。

まずいえるのは，外国を知ることは，自分の生まれ育った国・地域をよりよく知るためでもあるということである。一般に，他者との比較において自分のことがよりよくわかるという側面は大きい。つまり，己をよりよく知るためには，他者を知らねばならない。

他方，欧米起源の概念用語・文物が多いという点も一考に値する。わが国において不可欠となっている概念用語には，専門用語からごく日常的な語彙にいたるまで，ヨーロッパ起源のものが実に多い。とりわけ，幕末維新期に欧米語から翻訳されたものが，それに該当する。そもそも，言葉でいいあらわす必要がなければ，それについての言葉はつかわれないし，存在することもないだろう。言葉をつかって表現したい実態（現実）があるからこそ，それについての言葉が必要になるわけである。たとえば，「鎖国」という語は，幕末が近くなり，「開国」という問題が議論されるようになるにつれて使用されるようになったものである[22]。それまでは，開国について考えることがなかったからこそ，鎖国という用語を使用する必要も生じなかったわけである。

ヨーロッパ起源の概念用語は少なくない

よって，ヨーロッパの考えかたを輸入するにあたり，それまで存在しなかった語彙については訳語の発明が必要になる。そうしたヨーロッパ起源の概念（用語）は少なくない。以下に，幕末維新期に翻訳された若干の代表的な語彙を示す〔**表3**〕［佐藤 亨 (2007)］。

表3　幕末維新期にみる主なヨーロッパ語の翻訳

歴史学	明治 3（1870），history〔英〕の訳語（西周）。
科学	明治 2。明治 6 に「自然科学」の意味でも使用。
教養	⑴ 教え育てる（慶応 3 年）；⑵ 国民一般，人間の質的向上。学問などによって養われる品位（明治 8）。
文化	⑴ 学問や芸術など，人間の精神の営みによってつくりだされたもの（明治 3 年，西周）；⑵世の中が開け技術がすすみ生活がゆたかになること。文明開化。（明治 4 年，中村正直）
文明開化	人間の知恵が発達して，未開・野蛮の状態から脱して世の中が物心両面でひらけること（慶応 3 年，福沢諭吉）。
帝国	文化 7（1810），keizerdom〔蘭〕の訳語（藤林晋山）。
政府	安政 2（1855）ころ，「英の政府」との表現。文久 2（1862），government〔英〕の訳語として。
議会	文久 1（1861），オランダ総督府機関紙のオランダ語翻訳と考えられる（原語不明）。
上院，下院	慶応 2（1866），Lords / commons〔英〕の訳語（福沢諭吉）。
市民	明治 5（1872）citizen の訳語。
主権	慶応 4（1868）津田真道；明治 6（1873）に sovereignty〔英〕の訳語に。
権利	同治 2（1864），right〔英〕の訳語（アメリカ宣教師 Martin）。
人権	慶応 4（1868）droits de l' homme〔仏〕の訳語（津田真道）。
葡萄園	明治 6（1873）。明治 14 には vignoble〔仏〕の訳語として。

その他，歴史研究によくでてくる概念として，「国民国家」，「近代」，「右翼，左翼」などの政治史関連用語もある。また，日常生活の場面にみるヨーロッパ起源の文物には，度量衡（メートル法）や，多くの外来語，料理，ワイン，ファッションなど，あげればきりがない。これらのことは，ヨーロッパ史学習が現代理解の重要なカギでもあるということを意味する。

そもそも翻訳するという行為は，文化を理解しようとする営為と通底する。したがって，そうしたヨーロッパ起源の語彙は，日本語の語感で恣意的に解釈することなく，原義にたちかえって考察し，自分の教養を鍛錬する一環として受肉化する必要がある。本書は，そうした作業のためのささやかな一環にすぎない。今後の人生において，たえず同じような知的作業をつづけていくにこしたことはない。そうすれば，国外の文物を無批判に模倣することなく，冷静に客観視する態度がそなわっていくにちがいない[23]。

ところで筆者は，勤務校において講義を開始するにあたり事前アンケートを実施し，そのなかで出身地の旧国名，藩名を答えてもらうことにしているのだが，これはただマニアックな知識を問うているのではもちろんない。それは，第一に「過去」へ思考をめぐらせるためのきっかけづくりの一環として企図されており，いわば脳内タイムスリップにむけての思考準備である。そして第二に，ここでの力点であるところの「己を知る」ための作業のきっかけづくりでもある。歴史というものに思いをいたすきっかけは，案外ごく身近なところに転がっているものなのだ。

■「文化」とは何だろうか

ワイン「文化」

「ヨーロッパ文化」というからには，「ヨーロッパ」について言及したあと「文化」についても考察しておかねばならない。

ところで，読者はあまり考えたことがないかもしれないが，ワインという飲料がヨーロッパ文化に属するものであるというイメージを，ひいてはワインといえば代表的なフランス文化だというイメージをもっていないだろうか。なるほどフレンチレストランにでも行けば，念頭にあるのはフランスのワインであって，あたかもフランス人になりきりお洒落を気どってグラスを回す光景はけっして珍しいことではない。

たしかに，ヨーロッパとフランスの文化的特徴のひとつにワインがあることはまちがいない。しかし，すでにかいまみたように，「ヨーロッパ」そのものはつねに変動する歴史的個性であり，したがって「フランス」もまた歴史をつうじ固定化された不変の内実をもつわけではないはずである。にもかかわらず，ワインがヨーロッパないしフランスの飲料であるというイメージが強いとすれば，それはそのイメージが歴史的に形成された何らかの背景によるものと考えられる。そうした歴史的背景の具体的な内容については次章以降の記述にゆだねることにするが，「ヨーロッパ文化」・「ワイン文化」などといったときの「文化」の意味について，ここで簡単にではあれ確認しておくことは無駄ではなかろう。

「文化」概念の語源的考察

「文化」の語は，すでに言及した欧米起源の用語と同様に，ただ文字づらを眺めていても正確な意味に近づくことが難しい語彙のひとつである。まずもって思考準備のため，ここでも辞典の定義を確認しておこう。とりあえず，手元の国語辞典をひもといてみようか[24]。

「文化」　①世の中が開け，技術が進んで生活がゆたかになること。「文化生活」。
②人間の精神のはたらきによってつくりだされたもの。「文化の伝承」。

例によって漠然とした定義であるのは，個々の具体的事例を高度に抽象化することによって，より一般性の高い語義の記述へとむかう辞典類のありかたからしてしかたがない。ただ少なくとも，「文化」が西周らによる造語の時代とかわらない意味でもちいられていることは確かそうだということである〔**表3**〕。しかしそれにしても，種々雑多な意味要素が定義のなかに詰まっていて，どうにも語義の鮮明なイメージをもちづらい。たとえば「世の中が開け」や「生活がゆたかになる」とは，より具体的にはいかなる意味なのだろうか。

そこで語源にさかのぼって考察してみよう。「文化」の語は，ひとつにラテン語 "cultura" を語源とする英仏語 "culture" の翻訳であるから，まずはこれを確認しておこう。なお，煩瑣を避けるため，以下は辞典記述の大項目のみを掲載した。

culture（英 *OED*）[25]：

I. The cultivation of land, and derived senses.

a. The action or practice of cultivating the soil; tillage.

b. The cultivating or rearing of a plant or crop: The rearing or raising of certain animals, such as fish, oysters, bees, etc., or the production of natural animal products such as silk.

II. Extended uses

a. The cultivation or development of the mind, faculties, manners, etc.; improvement by education and training.

b. Refinement of mind, taste, and manners; artistic and intellectual development.

c. The distinctive ideas, customs, social behaviour, products, or way of life of a particular nation, society, people, or period. Hence: a society or group characterized by such customs, etc.; a way of life or social environment characterized by or associated with the specified quality or thing; a group of people subscribing or belonging to this.

culture（仏 *TFL*）[26]：

I. Traitement du sol en vue de la production agricole.

II. Fructification des dons naturels permettant à l'homme de s'élever au-dessus de sa condition initiale et d'accéder individuellement ou collectivement à un état supérieur.

OED による説明は，大きく二つの意味にわけて，第 I 義としては，「土地を耕すこと」を中心に，それにともなう諸活動が提示され，第 II 義としてそこから派生した諸定義が示されており，人間に適用されて

「教育・鍛錬にもとづく精神，能力，様式の開拓・発展」や「精神，嗜好，様式の洗練化；芸術的・知的向上」などを意味する。他方，仏語のほうでも，第Ⅰ義・第Ⅱ義ともに多少のニュアンスはあれど，*OED* のⅠ・Ⅱとほぼ対応する語義を載せており，英仏語間に語義の大きな齟齬はないといえる。

ところで，"culture" は「教養」とも訳される。もともと「教養」の語は幕末維新期に使用されはじめたもので，(1) 教え育てる（慶応 3 年），(2) 国民一般，人間の質的向上。学問などによって養われる品位（明治 8 年），という意味であった。それは，ドイツ語 Bildung（つくること，教育），英仏語 culture（耕作，栽培）の和訳であるが，大正デモクラシー期の「教養主義」という表現によって普及したといわれる。

ここで，原語の英仏語がラテン語 colo（葡萄などの畑を耕す）を語源にもつことに注目しよう（その名詞形が cultura）。そこから生まれるイメージとは，作物が成長していくさまであり，そこには種子という既存から，草木の成長と収穫という未知の新たな展開へのプロセスというイメージが包含されている。さらにそこから，人が成長していくさまと重ねあわされてイメージされるまでに，たいした苦労は必要ない。「文化」と訳そうが，「教養」と訳そうが，人間の内発的な原動力を想起させるこのような概念の原風景は，語彙の奥底に刻みこまれている。

ところが，それが日本に輸入されると，「文化」･「教養」という漢字の意味が独り歩きする傾向がどうしても強くなってしまい，そこに原義をくみとることは至難の業になった。たとえば，「教養」という訳語があてられると，漢字からうけるイメージから「教えそだてる」という語義が強く観念されていった。その結果，「教えそだてる」という人間形成に対する外部からの影響が前面にでる一方で，「人間の質的向上」という内発的な原動力にかかわる意味要素が希薄化してしまった。これほどではないにせよ，似たようなことは「文化」についてもあてはまり，西周が最初に構想した「人間の精神の営みによってつくりだされた」という内発的な側面を「文化」の語彙から直感することはきわめて難しいといわざるをえない。

「文明」とのちがい

では「文明」とはどう違うのかだろうか，ふたたび国語辞典を参照してみよう（既出『現代新国語辞典』，「文明」の項）。

> 「文明」…人間の知識・技術が進歩し発達し，物質的にゆたかになる状態。「文明が進む」・「文明の利器」・「機械文明」。

この「文明」が "civilisation（civilization）" の訳語であることはよく知られている。*OED* にはこう説明されている[27]。

> < civilize v. + -ation suffix. Compare post-classical Latin civilisatio（13th cent. in Albertus Magnus）, French civilisation. / civilize: < Middle French, French civiliser, † civilizer to make civil or sociable, to bring（a person, etc.）to a stage of social, moral, or intellectual development considered to be more advanced（1568 as past participial adjective）.

これによれば，英語にとりいれられた中世期フランス語の動詞形 "civiliser"（社会的，道徳的，知的に発展させる）を名詞化したのが "civilisation（civilization）" だとある。もともと都市や市民にあたるラテン語から派生し，野蛮や原始社会と対比されて，開明的で洗練された社会のありかたを示し，これが発達や普遍性を含意する概念へと到達する[28]。場合によっては，"civilisation（civilization）" 概念を古代ギリシア・ローマ以来の文化的継承とみる側面が色濃くあらわれ，西洋やヨーロッパという概念と同一視されることもある。後者の状況にいたるとき，植民地拡大の時代にみられたように，西欧列強が「野蛮」な植民地に「文明」をもたらすといった優劣の観念が強くうちだされることになる。そのばあい，相対的にではあるが, "civilisation（civilization）" の語には "culture" とは異なって優越性のニュアンスがくわわる[29]。

これに対して，"culture" は土地や耕作との密接なニュアンスから出発したがゆえに，そのニュアンスが内包する地域的な差異や多様性といった側面が前面にでているように思われる。いいかえれば，それは人がみずからの活動によって探求し，つくりだすものであって，居住地域によって異なる活動，考えかたという形で表面化するということである。これが，一般的に文化の違いという表現で説明される側面である。

とはいえ，両者をわかつ分岐線は微妙な判断を含むといえなくもない。要するに，両語の差異は一刀両断できるほどに明確ではないのである。人間の営為は公式にあてはめさえすれば，ただひとつの解がでてくるという単純なものではない。次章以降において，ヨーロッパワイン文化の歴史的展開を基本的史実をおさえながら時代を追ってみていくが，そのなかで「ヨーロッパ」や「文化」という問題についても，各自が「ワイン」に即して解答を探ることになる。歴史的思考とは，こうした地道な作業をつうじて鍛えられていくものなのである。

【註】

7 弓削達（1986）は，これらをそれぞれ「ロゴスとしての歴史」と「存在としての歴史」と表現する。

8 と，数行ほどで語れるものならば，だれも苦労はしない。ここでは，歴史学に本格的に触れようとしている初学者むけのレベルにもあわせつつ，なおかつ若干の主要問題にしぼり，さらにそのエッセンスだけをあつかうことにする。したがって，本書を読んだだけで，歴史学のなんたるかが理解できたなどとは，けっして思わないようにしよう。

9 ひとりの人間におきかえてみよう。すると，人はだれでも「自分の位置づけを知りたい」と思ったことがあるのではないか。それは，自分という存在のアイデンティティ確立の一環としてであって，自分が存在することの意味を求める欲求であるといえるだろう。自分の位置づけを知ろうとすると，どうしても過去の自分と向きあうことが不可避となる。同時に，それをふまえつつ，未来の自分がどうありたいかという思考にすすむのである。

10 阿部謹也（1988）: 63-64 頁。

11 小田中直樹（2004）; 大戸千之（2012），第 6 章の 3「歴史とフィクション」（251 ～ 271 頁）などが参考になる。

12「未来」については，占い師にでも頼るしかないが，それとてよくはずれる。それどころか，天気予報だって的中するばかりではないし，地震にいたっては予知が不可能だ（と，酒席を共にした知人の地震学者が胸をはっていた）。天気予報も地震学も，俗世間のものさしでは「実学」のはずなのだが。

13 今はまだピンとこないかもしれないが，これが 10 年, 20 年と人生経験を重ねるごとにピンとくるようになることだろう。本書では，歴史学という学問の学的内容について，深く深く掘りさげることはできないので，ある程度のところでお茶を濁しておこう。あとは，人生経験をかさねていくなかで，知らず知らずのうちに歴史的思考力を鍛えてもらえるのではないか，と密かに期待しているところである。

14 しかし，過去を過去にあったそのままの姿で再現することはできないのだろうか。もちろんその可能性は（というよりその希望は）まったく捨てさられるわけではない。そのための有力な方法のひとつは，まずもって史料そのものに語らせることだろう。現在の意識によって生ずるあらゆる問題意識を遮断して，虚心坦懐に史料世界に沈潜するのである。もちろん可能な範囲でしかそれはできないし，そもそも有限な人間に 100%の絶対性は期待できない。したがって，そこでは暫定的な妥当性を獲得できるのみとなろう。ここで，客観的に自明な「事実」について付言すれば，概念構築の主体が現在に拘束されており，それゆえ有限の問題意識しかもちえないとすれば，研究主体が観察する「事実」なるものは，きわめて怪しげな存在とならざるをえない。つまり，客観的に自明な「事実」というものは，人間の思いこみにすぎないかもしれないのである。研究する者は，このことをつねにふまえておかねば，自分の研究成果が自己満足の体系になりかねない。

15 もし時代区分なしの年表があるなら，それは用なしのクズでしかないので，すぐさまゴミ箱へ投げこみ，燃えるゴミの日にだしましょう。

16 わが国では，戦前のマルクス主義史学，とりわけ講座派の問題意識をひきついだ学問的潮流であり，約 1970 年ころまで歴史学界において支配的地位を保っていた。この「戦後歴史学」の特徴は，世界史的観点を何よりも重視し，それを前提としながら世界史のなかで日本の位置づけを解明しようという姿勢であり，日本の後進性を当然のことと考える発想が支配的だった。同時にここでは，西ヨーロッパ，とりわけ「市民革命」「産業革命」をいち早く成し遂げた英仏が先進国のモデルと考えられた〔歴史発展度合いの尺度としての英仏〕。したがって，西洋史研究の関心は，この両国の市民革命，ないし産業革命に向けられがちになった。

17 ここで，「ウラル山脈の西側」という回答が頭に浮かんだ人は，高校までの学習がきちんとできていることを意味する。しかしここでは，そういった便宜的につかわれてきた面の強い地理的定義を連呼したとしても，残念ながら知的な態度にはまったくならない。

18 *OED* には次のようにある。"Ancient authors derived ancient Greek *Εὐρώπη* , the name of the continent from ancient Greek *Εὐρώπη* (classical Latin *Eurōpa*), the name (in Greek mythology) of a princess of Tyre who was courted by Zeus in the form of a bull (see Europa n.). This story seems to go back to the Mycenaean period, in which case the name of the princess at least would be pre-Greek in origin. For the name of the continent, various other etymologies have been suggested, including a derivation ＜ ancient Greek *εὐρωπός* wide, broad（＜ *εὐρύς* + *ὠπ-, ὤψ* eye, face; though this has been dismissed as a subsequent folk etymology), and a Semitic origin, with the name having the sense 'the Region of the Setting Sun'."

19 増田四郎（編）『西洋と日本』中公新書（第4版 1972），39 頁以降。

20 この歴史的経緯は，ヨーロッパ文明の重心が，地中海世界から大陸内部（西ヨーロッパ地域）へと移動したという意味ももつ。その主要部分は，フランスと神聖ローマ帝国（現代のドイツ，オーストリアを中心とする）がになっていくこととなる。なお，オランダとイギリスの台頭は早くとも 17 世紀を待たねばならない。

21 現在，ヨーロッパ連合 (EU) が揺れている。われわれの記憶に新しいのは，BREXIT と呼ばれるイギリスの EU 離脱である。今後いかなるヨーロッパ概念の再定義がおこなわれるのであろうか。歴史は現代と密接にかかわっている。本文で記したヨーロッパ概念が現代にも影響をあたえているとすれば，EU は今後どのように変貌していくのだろうか。

22 享和 2（1802）年，『異人恐怖伝』による。佐藤 亨（2007），「鎖国」の項；三谷（2003）；山本 博（2013）なども参照。

23 ワインについていえば，輸入量が多くなっても，わが国での認識の程度はきわめて低いままである。他人によって生産された知識が，なんの批判もなく受容され，伝達される。その結果，誤った内容が口から耳へと伝わるにつれて，内容の誤差が拡大していく。困ったものだ。

24『現代新国語辞典』三省堂（第 3 版 2010 年），「文化」の項。

25 *Oxford English Dictionary* Online, article "culture". [accessed 1 November 2017]

26 *Trésor de la langue française* Online, article «culture». [consulté le 1er november 2017]

27 *Oxford English Dictionary* Online, article "civilization". [accessed 1 November 2017]

28 近藤和彦（1999）: ii。

29 宗主国と植民地の関係については，欧米で支配的だった男女関係における男性の優位性という考えかたのアナロジーでとらえる学説もある。たとえば，平野千果子（2002）；弓削尚子（2004）などを参照。

【補足資料】

◇◇第Ⅰ章の最後に

＊＊　ちょっとひと息　＊＊＊＊

●本講義をはじめるにあたって

「ド鬼」として名高い（と自称する）教員の講義を受講しようとやってきたみなさんは，覚悟を決めて受講届兼アンケートを提出したことと思います。後悔しても当局は責任をもちません。

リピーターさんはすでにご存知ですが，初めての人はこのコーナーをみて，「なんだこりゃ？」と思うことでしょう。無視してもなんら問題ありませんから，このコーナーがどのような展開をみせるか，気長にみていてください。

かといって，まったく無意味なコーナーでもありません。なにせ，授業時間内では語りつくせない事柄ももりこまれていますから。まあ，暇なときにでも読んでみてください。え？こんなに字が小さいのはなぜかって？これはこれで理由がありまして，いずれ明らかになりますので，それまでガマンしてください。ただし，目の悪い人は読まないほうが身のためでしょう。

本コーナーは，授業をうけるうえで不可欠ではありません。ただ，余力と関心のある人むけの補足資料ですから。

それでは講釈を開始いたします。みなさん，はりきってまいりましょう♪

●「ちょっとひと息」コーナーについて

学生　しかし先生。この教員と学生の対話をレジュメに掲載するとはかわってますね。

教員　そうですか？まあ，ぼくの独創というわけではないですけどね。

学生　ほほ〜う，そうしますと何かのパクリというわけですか。

教員　パクリといわれると何も返せませんが，いいものを継承する精神とでも表現すれば，少しはありがたみがわいてきますか？

学生　うーん…

教員　そうでもないみたいですね。まあ，いいでしょう。このコーナーはですね，ぼくが学生時代にドイツ語を勉強していたときのテクストが採用していた方式なんですよ。わが国のドイツ語学では大家とされる関口存男という方の『初等ドイツ語講座』です。

学生　知りませんねー。

教員　知らないでしょうねー。ちなみに，下の名前は「つぎお」と読みます。

学生　聞いたことないですね。だいいちドイツ語選択してませんし。

教員　そ，そうですか……（ぼくだって学部生時代に選択してなかったけどね…）。

学生　あ，絶句のご様子ですね。失礼しました。どうぞお続けください(^^)

教員　こりゃどうも。まあ，ともかくも，関口存男先生のパクリであることは事実です。でも，ぼくの授業でも活用できると考えたので，こんな形で採用したわけです。でも単なるパクリではありませんよ。

学生　ひょっとして，もっとパクってるんですか!?

教員　……。(深い絶句)

学生　あ，またもや失礼しました。お続けください…

教員　えっとですねぇ…。ぼくの授業では毎回「質問ノート」なるものを回してるんです。

学生　へえー，そりゃ珍しい〜。

教員　授業中にはささいな疑問がわくものですよね。でも素朴すぎて堂々と質問するのがはばかられることってありませんか？

学生　ありますねえ。

教員　そういうときに活用してもらおうというのが「質問ノート」です。

学生　なるほど。

教員　まあ，実際に中を読んでもらえば，そんな堅い内容ばかりとはかぎりませんけれどね。でも，一応は教師と学生のコミュニケーションを促進する一助にはなるのではないか，と。それに，ある学生さんの素朴な質問に対する回答を，ノートを回すことによって受講生みなが読むことができる。これこそが質問ノート制度のいいところだと考えています。

学生　なるほどですね。えっと，それでですねぇ，さきほどのパクリとどう関係あるんです？

教員　(そんな何回もパクリていうなよ〜) ノートで表明された疑問やコメントが，この「ちょっとひと息」コーナーで教員と学生の会話となって反映されるのですよ。質問ノートのほかに，宿題の記述内容も，これはと思ったものは利用させてもらうこともあります。

学生　ええ！ということは，実際にあったやりとりがこのコーナーに掲載されるわけですね？

教員　そういうことです。まあ，7〜8割は実際にあったやりとりですね。ぼくひとりで考えだすことなんてとてもとても…。掲載されると，何年も先の後輩たちにも読まれることになりますぞ。

学生　じゃあ，もしかすると，ぼくとのやりとりも載ることになるかもしれませんねえ。こりゃ下手なこと書けないや。

教員　まあまあ。そう構えなさんな。ボツになるやりとりも多いわけですから。

学生　はぁ，わかりました…。

●ワインについて

教員　大学の講義としては珍しいと思いますが，ワインの知識を少しばかり盛りこんでみました。ワインはヨーロッパ文化そのものですから，けっして本講義の趣旨と相容れないわけではないのです。ボルドーの第1級シャトーの映像は，よい目の保養になったのではないかと思います。本当ならもっともっとたくさんのことを盛りこみたかったくらいですが，今回のところはこれくらいで勘弁してあげましょう (^^)

学生I　この授業はおもしろいので，「だるい」とか「さぼろう」とかいう気になりません♪

教員　およよ。そんなにおだてて何か企んでるんかいな？ (-_-)

学生I　いえいえ，めっそうもない〜っ！

教員　ならばよいのですが(笑)

学生I　でも，格付やワインのことを勉強しながら試飲できたら，頭だけでなく舌でも覚えられたのに…と残念です。

教員　たしかに，それは残念なことなのです。授業をする側もあれこれと工夫をしてはみるのですが，テーマによっては難しいこともあります。ワインのことなんてその最たるものですね。しかし，実際に飲むということになったとしましょうよ。ボルドーの5大シャトーの話をしつつ，そのワインを試飲するということになりましょう。ではそのとき，ワイン代金をいったい誰が払うのでしょう⁉とまあ，そういう悩みもでてきますわな。

学生I　それもそうですねぇ～。残念です。

教員　まったくです(×_×)

学生S　本当にいいワインを自分で見分けようとしたら，村の名前も覚えないといけないんですね～。ワインは大変ですね～。

教員　そうそう，村の名前どころか，レベルが上がれば作り手の名前まで知らないと…というところまで行きつきます。まあ，すべてを頭にいれるのは並大抵ではできませんね…。

学生S　ぼくはワインの味がわかるダンディーな男になりたいです！

教員　そうなるためにも，さしあたり村レベルまでの知識を蓄えてみてはいかがでしょう^ ^

学生W　エチケットが読めるようになってくるとワイン売り場にいるだけで楽しいですね♪

教員　ほほ～う，そういう境地にいたってしまいましたか。「洗脳」が着実にすすんでいるということですかな？

学生Y　私はさっそくワイン買いに行ってみましたよ！ミュスカデはなかったけどシャブリというやつを買いました。ちゃんとエチケット読んでる自分に感動でした。実践すると授業での集中度もUPします☆

教員　最近はシャブリも安いのが入ってきてますから，気軽に買えますね。しかし，それにしてもいきなりシャブリですか…果たして大人の白を飲みこなせましたかな？というか，最近の若者は贅沢やな～(-_-)

学生S　ぼくは，授業で紹介されたイタリアのアスティ・スプマンテを飲みました！甘くて，デザートにあうということも納得。

教員　そうですか，試しましたか～。納得していただけたようで何よりです。

学生S　ワインの格付をみているとますます第1級のワインが気になります！

教員　たしかに！！しかし，それは給料取りになってから，何かの記念のためにとっておきましょうよ♪若いうちは安いワインで…。

学生M　あ，ぼくはその教えを実践していますよ(笑)西友で400円の白ワインを買いましたし。この授業のおかげで突然ワインを飲みたくなります。

教員　400円とはすごい。いったいどんなワインなのか…ということが気になりますねぇ～。

●「ワイン」の定義をめぐって

教員　ここまでの話を聴いて，ひとことでワインといっても，なかなか奥が深そうな気がしてきたでしょう？

学生M　そういわれてみれば，そうかもしれません…。「ビールがワインと同じ醸造酒に分類されてる！」なんてビックリしたほどですからぁ(^^ゞ

教員　なるほど。今まで考えたこともない内容でしょうから，新鮮に聞こえたかもしれませんね。

学生X　地元（町田）で細々と柿ワインなるものがつくられているんですがぁ…。これがなぜ「ワイン」といえないか，ようやく理解できました。おかげさまで，ワインの語源になっているラテン語も知ることができました。

教員　それは上々♪

学生Y　この前，トマトワインというのにでくわしたんですが，その線からいくと，これもまた「ワイン」と呼ぶのはおかしいわけですね。

教員　そういうことになります。でも最近は，「〇〇ワイン」という表記がやたらめだちますね。日本人の言語感覚を疑いたくなります（いや，逆に言葉遊びが好き，というべきか⁉）。ところで，そのトマトワインとやらは，どうでしたか？

学生　香りはトマトジュース，味は…ワイン？っぽかったのかな…。感想はずばり「マズイ」に尽きます(笑)

学生HM　授業で「りんごヌーヴォー」とか「丹波にごり梅ワイン」とかでてきました。丹波出身者としては，とても恥ずかしい気持ちで聴いておりました。

教員　おお，地元民がいたのですねー。「丹波」をおもいきりイジってしまいました(^^ゞ

学生HM　ただ，もしかすると「丹波」とは京都府のほうをさしているのかもしれません。こんなおかしなことをしているのが京都府民なら腑に落ちます。

教員　その感覚は，地元民しかわからないものなんでしょうねえ～（笑）

学生AH　震災復興の一関で，このあいだりんごワインみました。宮城県の紅玉りんご製だそうです。ワインってうそなのに…と思いながら，複雑でした。

学生KT　どうして日本にはワイン法がないのですか？りんごワインなどの似非ワインは原料の果物をちゃんと発酵してつくっているのでしょうか。

教員　法律がないのはたしかですが，各種団体が私的に自主規制という形で「規定」をつくっています。あくまで任意なので，それにくわわらない生産者もいるのかもしれませんけどね。日本でもワイン法をつくろうという動きは，近年だんだんと盛んになっているようですよ。

●歴史的思考の要：「過去」のイメージ形成

教員　講義では，テーマによっては，音楽だけでなくて，時代のイメージをつかむ一手段として絵画や動画なども駆使しているわけですが，少しはイメージがふくらんできたでしょうか。ん？君，何か言いたげですね？

学生S　映画を観てだんだんと戦争について具体的にイメージできるようになりましたが，まだまだ戦争という状況がわかりません。言葉をつかっての歴史理解ではなくて，実際はどういう状況だったのかをもっと実感するにはどうすればよいのでしょうか。

教員　おっと，それは歴史学の核心的な問題ですねえ。そう易々とは答えることができません…。とはいえ，その問題のヒントについては，すでに序章でも匂わせておきました。戦争にかぎらず，過去の事象をいかにして把握するかというのは，なかなか難しい問題にはちがいあ

りません。過去が実在かどうかという認識論的問題はさておき，現在おこっていることならば，その現場に行けば自分で体験することができましょう。自分のなかにイメージも形成しやすいでしょう。それでも100%とはいきません。ましてや，過去を直接認識することは，まったくもって不可能です。とすると，どうやって過去に接近したり，過去についてのイメージをもつことができるのか，ということが研究者（あるいは，広義における研究行為の主体）の基本的課題となりましょう。

さしあたり戦争というテーマに即して言うと，過去の戦争をどのようにして知ることができるのか。もちろん直接的に実体験するわけにはいきませんから（現在進行形の場合は，行けるなら行ってもいいですが…），あらゆる手段で追体験するしかないでしょう。歴史研究は，そのひとつの手段として，同時代の文物に触れる，つまり史料を分析するわけです。それは，同時代人の書いたものを読んでもいいわけですし，「言葉をつかっての歴史理解ではなくて」というならば，たとえば同時の武器を手にとって触れてみてもいいわけです。その他，まだ研究者が気づいていない方法があるかもしれない。そのとき，戦争にかかわるものすべて，というわけにもいきませんので，自分のもっとも知りたいことに即して史料を厳選していかねばなりません。

「自分の知りたいこと」が何であるかを知るというのは，すなわち研究者自身が提起する問題設定をどうするかということにほかなりません。そのとき，戦争という事象のどの部分に光をあてるかということが，研究者の腕のみせどころということになりましょう。最初から答のだしようのない問題設定だと，研究にならないわけです。そのためには，問題の場を明確化する（多くの場合，限定する）ことが必要です。対象が抽象的すぎてモヤ〜っとしたままでは，理性のメスをどこからいれてよいか判断できません。

たとえばの話ですが，それが戦争正当化の思想なのか，戦争指導者なのか，あるいは実際に戦闘する兵士たちにかかわる問題なのか，それとも戦火に逃げまどう一般民衆についてなのか，はたまた戦闘で駆使される戦略や武器なのか，戦争によって惹起される政治的・社会的・経済的変動なのか等々，といったように，研究主体の問題意識に応じて設定しなければなりません。場合によっては，対象をもっと限定しなければならないかもしれません。

アプローチはあらかじめ決まっているわけではありません。かといって，どんなアプローチをしたからといって，100%明らかになることはまずありません。何をどれだけ明らかにしようとするのか，結局はものごとを追究しようとする主体の姿勢にかかっているのであって，これこれの部分を明らかにするためにこれこれのアプローチを採用するといったことについて，自分で解決・発見していく姿勢こそが求められるのです。

したがって，ご質問に答えるとしても，かぎられた紙幅で端的に言えば，以上のことに尽きるといったところでしょうか。一般論としては，そういうことだと言うしかありません。

さて，Sくんという研究主体が「戦争のイメージ」と言った場合，それは戦争のどのようなレベルが問題となっているのでしょうか。またここで，その戦争の痕跡を現在にまで残すものは，「言葉」以外に考えられるのでしょうか。このあたりがクリアにならないと先にすすめませんね。

ちなみに，映画というのは制作者によるひとつの解釈であって，換言すれば制作者が抱いたイメージです。それは，実際にあった戦争そのものを描いているわけではありません。「戦争のイメージ」を追究しようとする人は，そういったことも自覚しておく必要があるでしょう。

戦争のイメージについて考えたことのない一介の教師が言えるのは，ここまでです。

●世界史未履修問題について

教員　2006年10月下旬から11月初旬にかけて，世界史の履修偽装問題が大きく報じられました。授業中にも話題にしたところです。まあ，世界史が必修化されたあとでも，「世界史をとっていなかったので不安」だとかなんとか言い訳する学生さんが少なくはなかったので，ぼくからみれば，なにを今さらという観がなくはないですけれど。未履修問題とか履修偽装とかいった問題は，いまだにみなさんの高校時代にも言えるのでしょうな。

学生X　ぼくの学校ではちゃんと履修はしていましたが，世界史をしっかり勉強させようという気はなかったようですな。

学生S　うちでは半年だけ毎週1コマやってましたよ。だけど，受験期だったので，ちゃんと聞いている人はあまりいませんでしたね。ぼくもそうでしたが…。

学生T　うちは地理，日本史，世界史から好きなものをひとつ選択するというものでした。学習指導要領なんて知りませんでしたよ（笑）

学生S　高校一年時に世界史Bを履修しました。とはいえ，中国の明時代からの学習でしたので，古代・中世については自分で補うしかなかったという…。

教員　受験が絡むと，どうしてもそうなってしまいます。履修したという体裁をとろう，とね。それに，春休みに補講なんてやっても，誰も先生の話を聞いてないでしょうに。それでいて，先生の側も仕方ないと思って内職まっただなかの生徒たちを大目にみることでしょう。要するに，高校側は体裁だけをととのえようとしているにすぎないのですね。

学生X　うちでは，世界史A，B両方とも履修でした。Aの方は全員履修しましたが，教員ごとにやってる内容が全然違うという，よくわからんものでした～！

教員　事態もそこまでいくと笑ってしまいますな。

学生S　歴史は高校のときにしっかり学んでおいたほうがよいと思います。

教員　ほうほう。

学生S　ちゃんとやってない人は，ニュースの3割も理解できないんじゃないですかね。ぼくは，日本史の必修化も検討した方がいいとさえ思いますよ。

教員　たしかにそれが正論でしょう

な。しかし，大学側の受験体制がかわらないかぎり，なかなかそういうことにはならないようにも思えます。かといって，大学側に歴史を受験科目にする度胸も余裕もないことでしょう。もしそうしてしまえば，ただでさえ賃金ダウンのなかで仕事におしつぶされそうになっている教職員は，とうとう反乱をおこしてしまうか，バタバタと過労死するだけのことでしょう。

学生一同　（しーん）

教員　ただ，現今の世界史未履修の余波が，大学の歴史教員にも否応なく襲ってきていることは事実です。たとえば，ぼくは以前，「ローマ教皇って何？」という素朴な質問をぶつけられて腰砕けになったことがあります。

学生X　それは極端な事例に思えますな。

教員　極端ではありますが，確実にそういう学生がいるわけですよ。東北大学でもそういう学生がいるんだな～，と変に感心したわけですが，似たような知識レベルの学生さんがどれだけいることやらと悲観的になったりもします。事態が「ゆとり教育」の弊害かどうかは，今後エライ人たちが議論していくだろうと思いますが，こちらとしては，もはや高校に期待することなく，学生さんたちに「クソ勉強しろ」と尻をたたくしかないのが現状ですけれどね。ともあれ，つい十数年前に例の「ゆとり教育」とやらをぶちあげた張本人の文科省は，今後どういう結論をだしていくのか…と思ってみていたら，どうやら失政だったということを認め，元に戻ろうとしているようすです。まったくいったい何をやっているんでしょうね。文句を言いたくなるどころか，もはやあきらめの境地で，ため息しかでません。ふぅ～。

●大学教員とは

教員　学問は自由という空気のなかでこそ健やかに発達する，つまり自由な学風こそが基本になければならないと考えます。世間では「学力低下が大問題だ，大学入学時から基礎学力を身につけさせろ」とか，「大学に入学したら，あとは自動的に卒業できるというような現行の制度は改めるべし」という声も強まってきているようです。つまり，大学にある種の強制をしようとする圧力が増しているようにみうけられます。

学生X　へぇ～，そうなんですか。渦中の学生は，世の中の声がどう変わってきたかなんて，あまり気にしないもので…(^^ゞ

教員　まあまあ，そう恐縮しなくてもけっこうです。そういうものですから。

学生X　恐縮です♪先生は，そういう世の中の風潮に批判的なので？

教員　う～ん，一概には言えませんなぁ。一部にはうなずけるものもあるのですが…。ただ，大学から自由が奪われるなんていう兆候が感じられるとなると，批判せざるをえませんな。研究者にとっても死活問題ですから。自由な研究がないところに，自由な大学教育はありませんわな。そう確信しています。

学生X　そんなものなんですかね～。

教員　そんなものでしょ～。しかしまあ，学生さんにとっては，そんなことより鬼教員からいかにして単位を

ゲットするか，ということが急務でしょうけどもね。

学生　おっしゃるとおりで(^^ ゞ

教員　鬼といえば，ある本を読んでいて，なるほどと思ったことがあります。

一般的に，大学教官は，自ら学ぼうとしない学生に対して，極めて冷徹である。その冷徹さは，半端ではない。鬼のように冷徹なのだ。なぜなら，大学では，知っている学生が自分の講義の単位を落とそうとも，それは本人の自業自得にすぎないからである。（飯田史彦『大学で何をどう学ぶか』PHP文庫，2001年）

どうです？なかなかズバリと言い当てているでしょう？まさにそうだなと思い，読んだときは，つい微笑んでしまいました。

学生X　微笑まないでくださいよ…(^_^;

学生NS　先生は，ぼくのいとこのお父さんに似ています。ダンディーです。

教員　そーゆーほめ言葉は，女性の黄色い声でしかうけつけてませーん♪

学生TK　高校のときの世界史の先生が，野村先生にそっくりです（ド鬼なところが)。

教員　おまけに，その先生がドSなら，ばっちり瓜二つですな。ふっふっふっ。

●担当教員へのダメ出し

学生NM（LB）さんより貴重なダメ出しがよせられました。来期以降の受講生のために残しておきましょう。

先生はご自身がドSだと自覚されているようですが，それにしては授業の内容が学生に寄り添いすぎてはいませんか。学生を混乱させ，翻弄させてこそのド鬼先生ではないでしょうか。もっと私たち学生が困惑するような，高度で密度の濃い知識を伝授していただきたいものです。

今後は，ド鬼度に磨きをかけ，ドS精神を最大限に発揮すべく，ご期待に添えるよう努力いたします。

●フランス語を英語読みすべからず

これだけは最初に釘を刺しておきます。というのも，いつも無理矢理に英語読みする人が多いからです。外国語といえば英語くらいしか学習したことがなければ，それもいたしかたないとはいえるでしょう。

とはいえですよ？フランス語を英語読みした時点で，十中八九まちがっていることもたしかです。だって，フランス語なんですから，英語読みと同じ発音であることなんてめったにありませんから。とはいえ悲観することはありません。なぜなら，フランス語の読みかたは，英語に比べてとても素直で簡単ですから。いいかえると，英語に慣らされた脳ミソにとっては，違和感を感じることが多いかもしれません。

授業ではごくごく基礎的な読みかたを，ごくごく平易に（したがって，やや大ざっぱにもなりうるわけですが…），ごくごく短時間でやっていきますが，それでもかなり読めるようになってくるはずです。少なくとも，世間にはびこるヘンテコなフランス語よりは上等なレベルに達することと思います。フランス語未学習者は，だまされたと思ってついてきてください。ただし，学期終了後にだまされたといって異議申立してきても，当局は一切関知しませんので，そこのところをよろしくお願いします。

ヨーロッパワイン文化の黎明期
― 古代から中世へ ―

【本章の概観】

中央アジア起源とされるワインは，ギリシア・ローマを経由して現在の西ヨーロッパ諸地域へと伝播し，そこで固有の発展をとげて後代のヨーロッパワイン文化の基盤をなすこととなる。この過程において，とりわけ古代ローマの役割は大きく，ボルドーやブルゴーニュなど現代の銘醸地が古代ローマ人によって早くも開かれた。熱心なワインづくりは，西ローマ帝国の滅亡後，ゲルマン移動にともなう大混乱のなかでもかわることがなかった。

このような古代から中世にかけての時代には，現在のワインづくりの原型がすでに出現し，現代にもつうずる技術が少なからず実践されていたことが知られる。ここにおいて，カトリック教会の役割はきわめて大きく，キリスト教化とワイン文化の定着は不可分の関係にあった。この時代は，ヨーロッパワイン文化が飛躍的に発展する次の中世盛期を準備した時代であったといえる。

Ⅱ　ヨーロッパワイン文化の黎明期
—古代から中世へ—

［1］古代ギリシア・ローマ文明の寄与

■ワインづくりの開始[30]

「ワイン」の語源

「ワイン」という英語を語源的にをさかのぼると，古代ローマ帝国の公用語であるラテン語の「ウィーヌム vinum」にたどりつく[31]。葡萄畑は「ウィーティス vitis」，葡萄樹は「ウィネア vinea」である。これがのちに，ヨーロッパ各地の現地語として定着し，フランス語 "vin"，ドイツ語 "Wein"，イタリア語・スペイン語 "vino"，ポルトガル語 "vinho" などと呼ばれるようになった。語源から明らかなように，ワインとはそもそも葡萄を原料としてつくられた酒を意味しており，日本語に訳せばいうまでもなく「葡萄酒」ということになる。

人類最初の酒

ワインは，人類が最初に口にした酒であるといわれることもあるが，その起源を正確につきとめることは不可能に近い。しかしその痕跡は，神話・伝説や古代の文書，遺跡の壁画などにすでに登場する。たとえば『旧約聖書』には，約 650 箇所にもわたってワイン関連の記述がみられるといい，しかも『新創世記』では 3 日目に葡萄が創造される。これより先の時代について文献中にワインの存在が確認できるのは，BC 1800 年ころに成立した『ギルガメシュ叙事詩』（古代バビロニアの英雄を讃えた詩）でのことである[32]。

そもそも，ワインづくりの起源は，葡萄の原産地とされるカフカース（コーカサス）山脈周辺の諸地域であると考えられており，BC 9000 年ころまでには小麦とともに葡萄が栽培されていたとされる。ワインづくりそのものについては，BC 6000 年ころのものと推定される遺跡がジョージアのシュラヴェリス・ゴラでみつかっており，イラン北部のハッジ・フィルズ・テペの遺跡はBC 5400～BC 5000 年ころのものと考えられている。ワインづくりは，BC 6000 年から BC 4000 年にかけてメソポタミア，古代エジプトに伝えられた。BC 4000 年ころのエジプトにはビールとともにワインに関する記録がみられ，たとえばナクト墳墓の壁画には，葡萄収穫からワインづくりにいたる過程が描かれている。また，ツタンカーメン王（BC 14 世紀）の副葬品にもワインづくりの形跡が反映された壺がみつかっている。以上のような経過をたどり，遅くとも BC 3000 年ころまでには地中海東部沿岸地域にワインづくりが伝播していったとみられる。

ヨーロッパ地域での葡萄栽培の確かな証拠は，ボーデン湖にある小さな

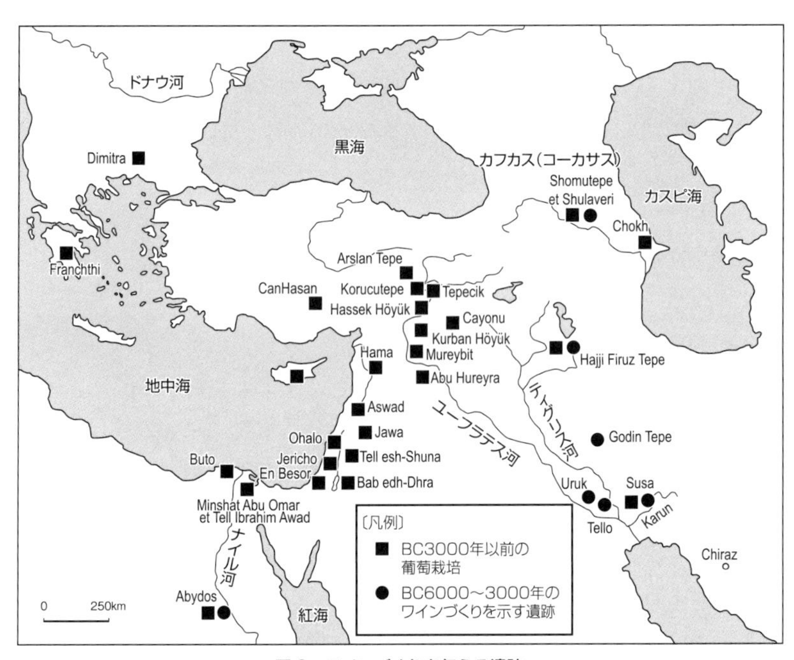

図 3　ワインづくりを伝える遺跡

〔Pitte（2009）: 24 より作製〕

島の遺跡から発見された葡萄種子であると考えられている。これは, 4千年前から5千年前のものといわれるウィティス・テウトニカ（vitis teutonica）というドイツの品種の種子であり，現在のリースリングの原種であるといわれる。したがってワインづくりは，遅くともこの種子が使われていた時代にさかのぼることができるとも考えられ，ヨーロッパの先住民族といわれるケルト人がすでにワインづくりを知っていたのではないかという仮説が提起されることにもなった［古賀（初版 1975；11 版 1997）: 10］。

■ギリシア・ローマ文明への伝播

ところで，人間に「酔い」をあたえた飲みものとしては，ビールもすでに生産されていた。文明の発達と酒への希求は，切っても切れない関係にあったのである。農学博士・坂口謹一郎がいうように，それは「世界の歴史をみても，古い文明は必ずうるわしい酒を持つ。すぐれた文化のみが，人間の感覚を洗練し，美化し，豊富にすることができるからである」ということだったのかもしれない［坂口（2007）: 18］。

いずれにせよ，中央アジア起源とされるワインが，さらにエジプト，フェニキア，ギリシア，ローマなど当時の文明地域へと広がっていったことは，まちがいのない事実である。そしてのちに，ローマ人による支配の拡大と同時にワインもその支配地域へと伝わっていったのである[33]。致酔性の強さではビールよりもワインが明らかにまさっており，「酔い」を求める人びと（一種の現実逃避を求める人びと，ともいえようか）に愛好されたものと考えられる。それはあたかも，文明の発達に呼応して，「酔い」を求める人びとがこぞってワインに陶酔するようになったかのようである。

ワイン文化史研究者ラシヴェールが「ギリシア・ローマ文明は葡萄とワインの文明である」と述べたように，ギリシア人とローマ人がワイン文化の発展に寄与した功績は大きい。まずギリシアでは，BC 3000 年ころから，レスボス島やサモス島などの位置する小アジアに近いエーゲ海の島々で葡萄栽培がはじまった。ホメロスは，「蜜のように甘い」ワインが「心を楽しませる」と書きのこしている。ワインはギリシア上流社会の飲みものであり，「野蛮人」の飲むビールは軽蔑の対象であった。その意味で，かの有名なアレクサンドロスでさえ野蛮人であるとみなされたという［Philipps（2016）: 12-13］。

ローマは，他のさまざまな側面と同様に，ワインについてもギリシアから大きな影響をうけたと考えられている。ワインづくりは，BC 800年ころまでにはフェニキア人によってイタリア半島に伝えられ，中部のエトルリアをはじめとする諸地域で盛んになった。ギリシアのワインはローマ人の憧れの的であり，じじつギリシアはローマにワインを供給する立場にあった。そのことは，詩人ウェルギリウスや自然学者の大プリニウス，農学者コルメッラなどの著作から知ることができる[34]。

この時代の飲みかたは，現代とは大きく異なっていた。ワインを水で割って飲むことも一般的で，他に蜂蜜・ミルラ樹脂・ニガヨモギなどを混ぜることもあった。また，ワインを保存するためには香辛料や松ヤニなどが利用されもした。いいかえれば，おそらく多くのばあい保存上の問題から，そのまま飲むには適さないほどに劣化したワインが消費されていたものと考えられる。

■ローマ帝国の支配拡大

ヨーロッパは，そもそもケルト人の居住地域であった。ケルト人は，遅くともBC 1000年からBC 6世紀ころにかけて，現在のフランスを中心とする地域を覆っていたと考えられる。同じころ，地中海沿岸ではマッシリア（現マルセイユ）などにギリシア人の植民市が建設されていた。他方BC 3世紀には，ブルディガラ（Burdigala）という名をもつローマ都市としてボルドーが建設された。

その後，ケルト人（ローマ人からは「ガリア人」と呼ばれた）は，ますますその勢力を増大させ，地中海沿岸地域に進出してローマ人を脅かすまでになった。このときガリア人の王のなかに，ローマ人と勇敢に戦ったことで知られるウェルキンゲトリクス（ヴェルサンジェトリクス Vercingétorix）がいる。

ローマ人たちは，BC 8 世紀半ごろにローマを建国し，BC 3 世紀にイタリア半島統一をなしたのち，BC 1 世紀になるとガリア進出を本格化した。もっとも早くに占領されたのが，現在のラングドック（Languedoc）地方とプロヴァンス（Provence）地方にまたがる属州ナルボネンシス（Narbonensis. 現ナルボンヌ Narbonne が州都）である。BC 58 年には，ローマ軍がブルディガラを平定した。その後，散発的なガリア人の抵抗がみられはしたが，カエサルがウェルキンゲトリクスを撃破するなどして，ガリアは最終的にローマの支配下にはいった。こののち約3世紀のあいだ，属州アクイタニア（Aquitania. 現アキテーヌ Aquitaine 地方）の州都ブルディガラは，ローマ都市として繁栄していくこととなる。

✏コラム１　ワイン醸造

◆赤ワインの事例
収穫（ヴァンダンジュ）→選果→除梗・破砕→発酵→圧搾→後発酵→樽・タンク熟成→澱引き→清澄・濾過→瓶詰め

◆アルコール発酵
$C_6H_{12}O_6 \rightarrow 2C_2H_5OH + 2CO_2$（+ 熱）

◆ワインの成分

主な成分	
水分	
アルコール	エチルアルコール
糖	ぶどう糖，果糖
有機酸	酒石酸，リンゴ酸，乳酸，クエン酸
ポリフェノール	アントシアニン，タンニン
芳香成分	エステル類
ミネラル	カリウム，ビタミン類

■ガリアへのワインづくり伝播

ガリアとワイン

カエサルによる征服前，ガリアでふつうに飲まれたのは地元でつくられるビールで，ワインは外部世界から輸入される嗜好品だった。BC 7 世紀までには，エトルリア人が地中海沿岸の諸地域にワインを供給していたことが知られている。この地域において，BC 600 年ころになると，ギリシア人（ポカイア人）の進出が強化され，エトルリア人を駆逐するとともに，マッシリアを植民地とし，ここを拠点として精力的にワイン取引をおこなった。マッシリアは，ローマ支配下にはいったのちもワイン取引の中継地点として機能し，ローマからガリアへのワイン輸出に大きな役割をはたした。

ギリシアやローマから運ばれたワインがガリアにおいて飲まれた形跡は，各地の遺跡から発掘されたアンフォラ（陶器のいれもの）の分布から推測できる〔図4〕。それによれば，ワインはロワール河からライン河にかけての地域に広く流通し，少量ながらブルターニュやノルマンディにも運ばれていった形跡がある。また，ナルボネンシスからブルディガラに運ばれたワインは，さらにブリテン島へと輸送されたとも考えられる。このように，イタリア半島産のアンフォラの分布から，ローマ帝国による征服の前段階においてさえ，ローマを中心とする交易路がヨーロッパ大陸を横断して広範囲に広がっていたようすや，ワイン生産の中心がガリアにではなくイタリア半島側にあったことなどがわかる。

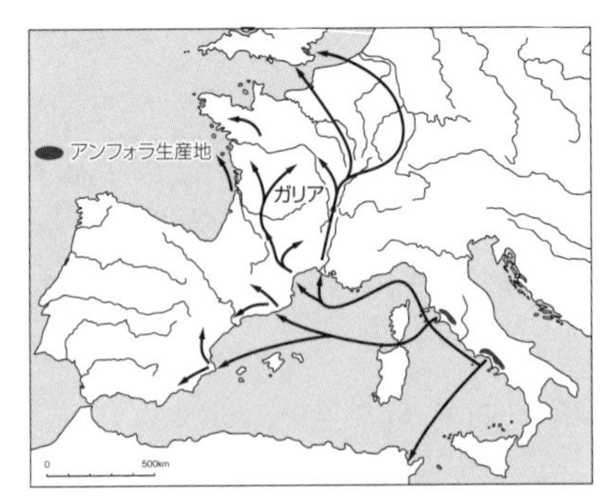

図4　ローマ産アンフォラの流通（BC 1 世紀～AD 1 世紀）
〔Pitte（2009）: 79より作製〕

BC 1 世紀後半になると，ガリアにおいてイタリア産アンフォラの流通量が減少傾向に転ずる。これには，とくにBC 79 年のヴェズヴィオ火山の噴火が大きな要因になったとみられ，これを機にガリアからイタリアへのワイン輸出が増加傾向をみせた。この傾向は，カエサルがガリアを征服し，ローマ帝国の成立するアウグストゥス帝時代になってからもかわることはなく，とりわけ AD 2 世紀以後はイタリア半島でのアンフォラ製造が衰退していく。これに対して，ナルボネンシスにおいては葡萄栽培が広範におこなわれるようになっていった。

葡萄栽培そのものは，ローマ人による支配拡大にともなってガリア各地へと伝えられていき，4 世紀までにはモーゼル河流域にまで広がっており，とくにローマ植民市トリーア（Trier）のワインが名高かった。また，パリ地方のワインはローマ皇帝によって賞賛されるなどして，ガリアのワインがその品質の高さによって，すでにローマ人の注目を集めるようになっていた[35]。

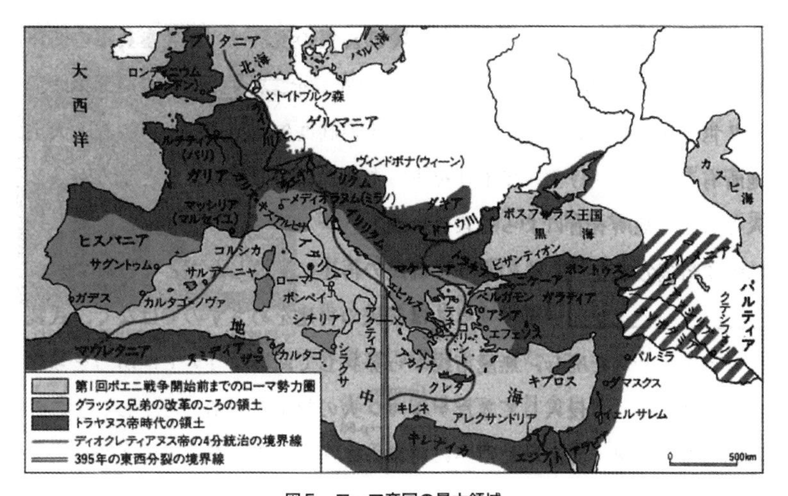

図5　ローマ帝国の最大領域

〔出典：山川（2009）：26〕

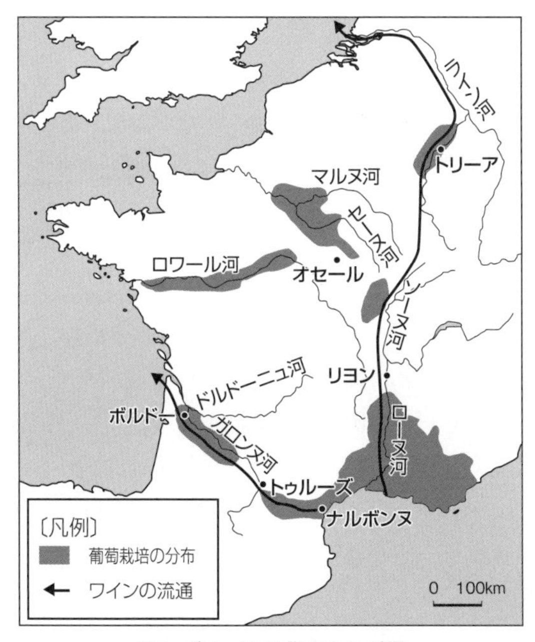

図6　ガロ＝ロマン期のワイン流通

〔Pitte（2009）：162 をもとに作製〕

ボルドーとブルゴーニュでのワインづくり

ローマ帝国の葡萄栽培禁止政策により，ガリアでのワインづくりはおこなわれなかったといわれる。これは，カラカラ帝によるローマ市民権拡大（212 年）まで，ローマ市民以外に葡萄栽培をおこなうことが許されなかったためである。したがって，BC 1 世紀からローマ都市として発展しはじめたブルディガラ（現ボルドー）では，当初からワインづくりがみられたわけではなさそうである。しかし，ナルボネンシスなど地中海岸地域からはじまった葡萄栽培は，紀元後 1 世紀までにはブルディガラでも盛んにおこなわれるようになっていき，とくにビトゥリカ（biturica）という品種が栽培されるようになったことが注目される[36]。

ローマ帝国では，92 年に葡萄畑の開墾を禁止する勅令がだされ，ワインづくりはブルディガラからウィエンナ（現ヴィエンヌ）を結ぶ線より南側に限定されていた。そのため 2 世紀には，ルグドゥヌム（現リヨン）商人がヨーロッパ北部へのワイン輸出の中継役として繁栄した。

では，ブルゴーニュではいつごろから葡萄栽培がおこなわれていたのだろうか。2 世紀のうちにそれが開始されたとの説もあるが，それが確実であると断言できる材料はない［Unwin（1996）: 116］。ただし，312 年にアウグストドヌム（現オタン）の住民がローマ皇帝に陳情したところによれば，葡萄畑が荒廃したとの言及がみられるので，遅くとも 3 世紀はじめにはブルゴーニュに葡萄畑が存在していたものと推測される。

この背景には，プロブス帝（232-282）による葡萄栽培禁止令の廃止があったとみられ，これによりガリアにおいてもワインづくりが可能となった。このころローマ帝国には，それまで帝国外に居住していたゲルマン人が侵入しはじめていた。葡萄栽培の許可は，ローマ支配下にあったガリアの人心をひきとめておくための方策でもあったとみられ，ゲルマン人による支配への防衛という意味あいをもっていた。しかし，ゲルマン人の本格的な移動は，もうすぐそこに迫っていた。

［2］「中世」の幕開け ―― ゲルマン人の民族移動とローマ帝国滅亡 ――

■ゲルマン人の移動

ここで，ゲルマン人の民族移動について言及しておく必要がある。ローマ帝国の辺境に居住していたゲルマン人は，部族の長（王）を中心にまとまっていた集団であり，時代とともにローマ化していき，なかにはキリスト教に改宗する部族もあらわれるようになった。ゲルマン人は少しずつローマ帝国領内に浸透していたが，3世紀にはいるころからフランク族が本格的にガリアに侵入しはじめた。民族移動時代の開始である。

375年，フン族〔匈奴〕が西に移動を開始すると，翌年，ヴィジゴート族がローマ帝国内に定住を開始した。ボルドーを中心とするアキテーヌには410年ころ，ヴィジゴート族が移動してきて，ヴィジゴート王国（のちのアキテーヌ王国）を建国した。以後，民族移動は568年のランゴバルド族の北イタリア移住までつづく。この過程において，395年にはローマ帝国が東西に分裂し，476年には西ローマ帝国が滅亡する。

もともとゲルマン人は，既述のガリア人と同じくビールを飲む人びとだった。ゲルマン民族誌である著作『ゲルマニア』の作者でローマの歴史家タキトゥス（55年ころ～120年ころ）は，ビールを「品位のない液」であるとして軽蔑したのだが，ゲルマン人は鳥獣の肉や麦の粥と一緒にビールをがぶ飲みしていたそうである［内藤（2010）: 130］。中世アイスランドの伝承文学『サガ』（ハーコン善王のサガ）によれば，ゲルマン人の宗教儀礼である供儀祭では，人びとはビールをもって参集し，家畜の肉とビールを神々に捧げて豊作・平安・戦勝を祈願したという［中井（2007）: 66］。

ローマ征服前のビール文化圏を体現していたゲルマン人たちは，自分たちとは大きく異なる（ある意味で，自分たちよりも洗練されているとみたことであろう）ローマ文化（とくにワイン）に触れ，どのような歴史を紡ぎだしていくことになるのだろうか。その答（少なくとも有力な答のひとつ）は，ゲルマン国家のなかでもっとも強大化していったフラ

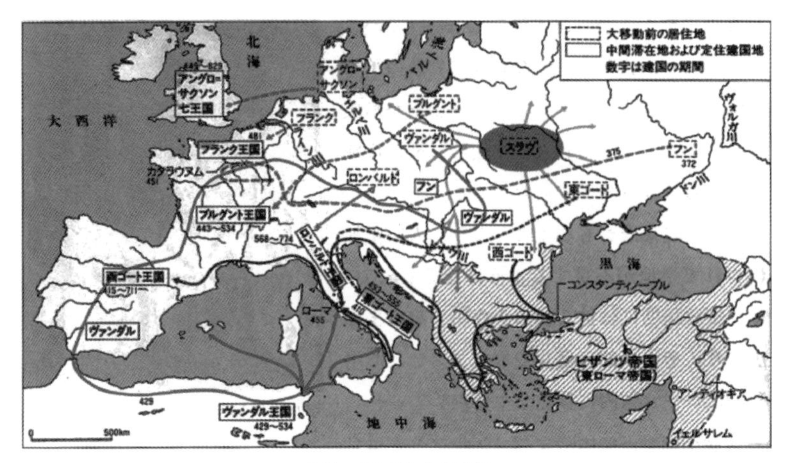

図7　ゲルマン人の移動
〔出典：山川（1991）：91〕

ンク王国の成長とともに明らかになってくる。

■中世という時代のはじまり

ところで,「中世」とはどのような時代なのだろうか。それは, いつはじまって, いつ終わるのだろうか。複数の学説があり難しい問題ではあるが, とりあえずは高校世界史でどのように学習したのかを思いだしてほしい。概要を端的に知るには, 高校の世界史教科書というのは実によくできている[37]。

もともと中世という時代概念は,「野蛮と宗教的頑迷の暗黒時代」というネガティヴな意味で使用されはじめたものである。これは, ルネサンス期以後にヨーロッパの啓蒙知識人を中心にもたれていた考えかたで, 自分たちの時代に先行する「中世」を否定することによって自己正当化しようとする意識がそこに反映している。同時にそこには, 中世の前段階に, モデルとすべき古典古代文明が存在したという考えも内包されている。

中世ヨーロッパ成立に関するピレンヌ学説

アンリ・ピレンヌは，すでに言及したように，イスラーム勢力の伸長に由来する地中海世界の非ローマ化，これと並行してみられた西ヨーロッパ世界におけるフランク王国の支配強化という現象を，中世ヨーロッパの幕開けの画期とみなした。「それまで西ヨーロッパと外部世界との接触を支えていた地中海は，もはや西ヨーロッパを孤立させる障壁にすぎない」のであって，これ以後フランク王国は「西ヨーロッパの運命の決定者」になったというのである。まさに，マホメットなくしてシャルルマーニュなし，である（ピレンヌ学説）[38]。

多様性と変化に富む中世像へ

ピレンヌのような主張も捨てがたいが，ごく一般的には5世紀から16世紀初頭あたりまでを中世と呼ぶ。しかし，約1,000年間ものあいだ変化のない時間が流れていたわけではない。5世紀と16世紀とでは時代のありかたがきわめて異なることは，少し考えればわかることであって，このように長い期間を中世というひとつの用語でひとくくりに表現するのは，どだい無理な話なのである。それどころか，中世をのちの近代社会の萌芽がみられた時代であるとする研究者さえ多くなってきたようである。

そのようなわけで，本書では，中世という時代をその特徴によって大きく二つに区分している。以下では，そのうち10世紀ころまでの中世前期の時代をあつかうこととする。まず民族移動がもたらした諸勢力間の攻防の推移とその結末をおさえ，ついでそれがワイン文化といかにかかわっていくかについてみていこう。

■ゲルマン移動とガリアのワインづくり

ゲルマン人がローマ帝国内に侵入してくるという事態が，ワインづくりに影響をあたえないわけはなかった。3世紀になると，とくにフランク族やアラマン族の侵入が頻繁になり，時には領内が攻撃，略奪されるなどし，現ブルゴーニュ地方などの葡萄畑が打撃をうけた。たとえば，オタンの町は269年に略奪をうけ，その葡萄畑が荒廃してしまって，既述のコンスタンティヌス帝への陳情につながった。

4世紀終わりころには，ワインやオイルをゲルマン人に輸出することが禁止されたりもしたが，ローマ帝国はしだいに弱体化していった。それと同時に，それまでワイン商業で繁栄していたリヨンは衰退しはじめ，かわってワイン市場として台頭したのがモーゼル河沿いのローマ植民市トリーア（既出）であった。

■ラテン・キリスト教世界の拡大 ――ヨーロッパの心（魂）としてのカトリック教会――

旧ローマ帝国領内の主要地域におかれた司教座のうち，すでに3世紀からカトリック教会の首座の地位を固めていったのは，イエスの弟子ペテロの後継者を自任したローマ司教である。さらにローマ司教は，キリストの代理人としての立場を強化し，ローマ教皇と呼ばれるようになった 。こうしてカトリック教会は，ローマ教皇を頂点とするヒエラルキーのもと，各地の司教座，小教区をつうじて，末端の信者に影響力をおよぼすようになったのである。このような事情から，カトリック教会は「ヨーロッパの心（魂）」とも呼ばれる［朝倉（1996）: 3］。

カトリック教会の影響圏は，精力的な布教活動によって広げられていった。6世紀には，ゲルマン人やアングロ＝サクソン人への布教が進展した。とくに，8世紀になると，ライン河以東のゲルマン人に対する布教に尽力したボニファティウスらアングロ＝サクソン系の修道士が活躍し，ラテン・キリスト教世界の拡大に一役買った。

東欧では，西スラヴのチェコ人，ポーランド人，ハンガリー王国を形成したマジャール人がカトリックを受容した。ノルマン人の居住地である北欧では，9世紀以来，北ドイツのブレーメンを拠点に布教活動が展開されており，11世紀前半に北海帝国を樹立したカヌート（クヌーズ）のもとでデンマーク，ノルウェーのキリスト教化が進展した。こうして，西ヨーロッパを中心とするラテン・キリスト教世界の外側に位置していた東欧や北欧は，10 世紀から 11 世紀にかけて，このラテン・キリスト教世界に包摂されていったのである。

［3］フランク王国のもとでのワイン文化の展開

■フランク王国とラテン・キリスト教世界の成立

フランク王国によるガリア支配

ゲルマン人の一派であるフランク族は，もともとライン河東岸に居住し，複数の小部族からなっていた。そのなかで，ライン下流のサリ族の王位を 481 年に継承したのがクローヴィス（Clovis）であり，他のフランク諸族を服属させてフランク王国〔メロヴィング朝〕を建設した。彼は，従者 3,000 名とともにキリスト教（ローマ＝カトリック）に改宗し，これ以後はカトリック教会やローマ人貴族の支持を獲得するようになった。

507 年，クローヴィスは南方に進出し，西ゴートを撃破してアキテーヌを支配下におく。そして，532 年までには東方のブルグント王国を滅ぼし，全ガリアの征服を完了した。こうして，クローヴィスのフランク王国は，パリを拠点として，西はガロンヌ河から東はライン下流，ドナウ上流にまでおよぶこととなった。

この過程において，フランク王国の行政を実務面からささえたのは，旧ローマ帝国の貴族や聖職者たちである。行政文書は当時の共通語であるラテン語が使用されたため，フランク王国はラテン語の素養をもつそうしたエリート層に依拠せざるをえず，結果的にはローマをひきつぐ文書行政にもとづいて王国統治がなされることになったのである［服部（2006）: 173］。

ローマ＝カトリックの保護者としてのフランク王国

クローヴィスが他界すると，王国は分裂状態に陥ったが，7世紀にはいるころからカロリング家が王国の宮宰職（王室財政の長官）を独占するようになる。8世紀になると，イスラーム勢力が現在のヨーロッパ地域への侵攻を開始し，この過程においてアキテーヌ地方もイベリア半島経由で侵攻してきたイスラーム勢力によって攻撃された。この侵攻は，732年に，宮宰カール・マルテル（C.Martel）がトゥール＝ポワティエ間の戦いでイスラーム勢力を撃退し，くいとめられた。このような経緯は，イスラーム教という異教徒に対して，キリスト教の「ヨーロッパ」が結束して対処したことを，また同時にキリスト教がヨーロッパとしてのアイデンティティともなろうとしていたことを示唆するだろう。

カール・マルテルの子である小ピピン（ピピン3世）は，ローマ教皇ザカリアヌスの支持のもと，751年に王位についた。このとき，ライン以東のゲルマン人への布教に貢献したボニファティウスが，教皇の名代としてピピンに塗油をほどこしたという。塗油は，王に対して神の恩寵としての超越的な力をあたえる儀式であった。これ以後，聖職者による塗油の儀式がヨーロッパ諸国の国王即位において重要な要素となることはみのがせない。またピピンは教皇の要請に応じて，イタリア北西部に進出していたランゴバルト族を追い払い，その地を教皇に献上した（ピピンの寄進）。この地は教皇領として，その後19世紀まで存続することとなる。

こうして，フランク王はローマ＝カトリックの保護者としての地位を不動のものとし，この伝統はのちのフランス王国へとひきつがれていく（「フランスはカトリックの長女」とも形容された）。

カール大帝（シャルルマーニュ）のローマ帝国再興

ピピンの子カールは，773年にランゴバルト王国を滅ぼし，他方ではイベリア半島のイスラーム勢力を撃退するために遠征して，803年にスペイン辺境区を設置した。また，アキテーヌ王国を屈服させフランク王国に臣従を誓わせるとともに，それを王国から公領（公国 duché）に転換（格下げ）した。以後，1453 年にフランス王によって占領されるまで，この地はアキテーヌ公が君臨する公領（アキテーヌ公国ともいう）として存続する。他方，東方に対しては，8 世紀の終わりにザクセン人とバイエルン人とが服従した。こうした征服戦争の結果，フランク王国はピレネー山脈からエルベ河にいたる広大な領域を支配下におくことになったわけである。

そして 800 年のクリスマスに，カールはローマにおいて教皇レオ 3 世によりローマ皇帝として戴冠される[40]。それゆえ，彼はカール大帝（シャルルマーニュ Carolus magnus imperator）と呼ばれる。このできごとは，西ローマ帝国の滅亡（476 年）から約 300 年後のローマ皇帝位復活を意味する（フランク王国はカロリング帝国とも称される）[41]。こう

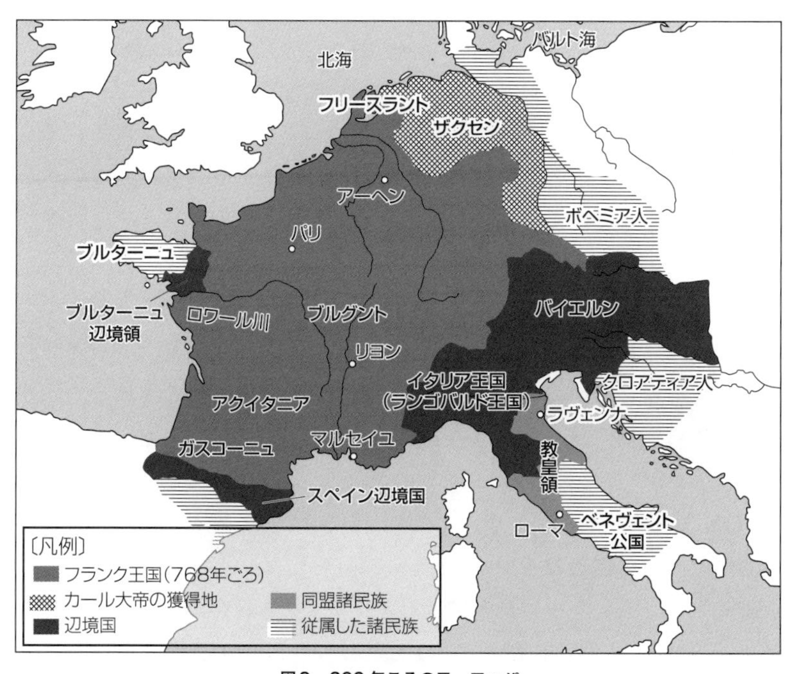

図8　800 年ころのヨーロッパ

〔出典：『プッツガー歴史地図』（帝国書院 2013），70 頁より作製〕

して西ヨーロッパ地域に，ローマ皇帝（フランク王）とローマ教皇（カトリック教会）という二つの権威が相互に依存しあう世界が成立した。これは，ビザンツ帝国を中心とする東方正教世界に対して，ローマ教皇を中心とするラテン・キリスト教世界であった（既述）。

シャルルマーニュの治世は，キリスト教的共同体観にもとづいていた。当時はまだ「ヨーロッパ」という観念は希薄で，むしろ「キリスト教世界」のほうが一般的だった[42]。この「キリスト教世界」の観念は，実際に高位聖職者が帝国会議に出席していた点からしても，「帝国」の観念と一致していたといえる。

■ワイン文化の展開

カトリック教会の比重 ──政治・社会における位置づけ──

すでに言及したように，西ローマ帝国滅亡後の統治体制においては，ローマ帝国時代の教会組織がひきつづき重要な拠点となった。したがって，ガリア各地の地方レベルでの統治の担い手もまた地域に根ざしていた聖職者であり，それは司教座都市の指導的聖職者である司教を中心とした。シャルルマーニュの時代にあっても，そうした聖職者層はフランク王国の統治機構にくいこんでいたのである。

以上から，政治的な側面においてカトリック教会の役割がきわめて大きかったことに気づく。また，世俗の勢力と聖界が政治権力のなかでわかちがたく結びついていたということも容易に理解できるだろう。ではそうした状況は，ワイン文化の展開にどのような影響をあたえたのだろうか。

カトリック教会とワイン

ジャン＝ロベール・ピットが「かりにキリスト教会が，司教区や修道院といったいわば保存庫で，そうした技術を保守する役割を熱心に果たさなかったら，ワインづくりばかりか，他の古代文化のじつに多くの側面が失われてしまったであろう」［ピット（2012）: 156］と述べるように，ローマ帝国崩壊後のワイン文化の発展は，カトリック教会の役割を無視しては考えられない。

✐コラム2　ミサ用ワインの色

1280年，ケルン公会議が白ワインの使用を示唆したのち，1565年に開催されたミラノ公会議は白ワインを正式にミサ用として決定した。こうみてくると，ワインの色は，キリストの血を象徴化するのに際して大した役割をもたされているわけではないといえそうである。

キリスト教信仰そのものは，313年にコンスタンティヌス帝によって公認され，4世紀末にはローマの国教となった。教会でのミサでは，パンと葡萄酒という両形色のもとに聖体拝領がおこなわれるようになった[43]。つまり，パンがキリストの肉を，ワインがキリストの血をあらわすものとして食されるようになったわけである。

司教座都市では，司教がその地域の第一人者として君臨し，司教館が権力の中心になった。葡萄畑の所有は，司教にとって財政を満たす手段でもあったが，なによりもそれは社会的威光の源泉として機能した（後述）。

教会とワインの関係に関しては，とりわけ修道院の所有する葡萄畑が急増したことを重視しないわけにはいかない。キリスト教史のなかで修道士があらわれるのは，3世紀後半から4世紀初頭にかけての時期であるといわれる。修道院はイエスの精神にならい，祈りと労働の共同生活を営む信仰組織であり，農業・印刷・大工工事・医学などを自分たちでおこなう自給自足によって特徴づけられ，ワインづくりもここに含まれる。修道士たちは，ワインを神の恵みとして重宝し，その生産技術の研究とワイン生産に熱心だった[44]。シモニア（聖職売買）やニコライティズム（聖職者の妻帯）に象徴されるような教会の腐敗がすすむ9世紀から10世紀にかけて，教会への非難や改革要求は修道院運動のうねりとなって大きく進展していく。現在でも有名なクロ・ド・ヴジョ（Clos de Vougeot）やヨハニスベルク（Johannisberg）などは，そのような背景のもとに開拓された葡萄畑の好例である。

シャルルマーニュのワイン政策

キリスト教的共同体をめざすシャルルマーニュの政策は，ワインに関する政策としても結実した。たとえば，もっとも有名な9世紀初頭の法令である「ワインについて De villis」は，葡萄畑を良好に維持，管理することや，良質のワインを産すべきことなどを規定した。領内には，大帝がみずから葡萄畑を開くよう命じたという伝説（おとぎ話？）さえ残っており，ラインガウ地方のヨハニスベルクやブルゴーニュ地方のコルトン丘陵がその代表例である［ジョンソン（2008）：上巻 p. 236］。

ところで，カトリック教会にしても，世俗の有力者層にしても，葡萄畑を所有し，良質のワインをつくることは，みずからの社会的威光をささえる重要な要素となっていき，次の時代にその傾向は決定的になっていく[45]。

その一要因として考えられるのは，当時の政治支配のありかたであろう。まだ中央集権をささえる官僚制が未発達な時代にあって，広大な領域を統治するためには，支配する者が支配される者のもとに直接に姿をあらわし，臣従を確かなものにする必要があった。それはシャルルマーニュにとっても例外でなく，王宮は基本的に領内を移動し，各地の支配をかためる必要があった。それに対して，そうした上位の権力者をむかえいれる各地の有力者層は，万全の態勢でもってこれをもてなすことによってみずからの忠誠を示した。そのための役割が，もてなしの一環として供されたワインにもあたえられていたというわけである。

ワインの量産化と消費増大 ――ヨーロッパ諸地域における葡萄栽培の広がり――

以上にみたさまざまな要因がかさなり，シャルルマーニュの時代ともなると，葡萄栽培の大きな発展がみられ，ワインが量産されるようになったとみられる。一説には，この発展の主な原因は，シャルルマーニュの政策というよりも，むしろ政治的安定に求められるともいう［Philipps（2016）: 30］。栽培地域の北限に位置するドイツ地域においてさえ，年間に一人あたり140 ℓ も消費していたというデータを提示する研究者もある[46]。もちろん正確な数値を算出することは不可能に近いが，シャルルマーニュのワイン政策や教会にみられたワイン重視の傾向を考慮すれば，少なくともそれまでの時代よりはかなり多くのワインが生産され，消費されるようになったであろうとの仮説は成立する。

他方，ドイツのような北方の地域において葡萄栽培とワインづくりがおこなわれていたことは，当時の史料によって疑いのないところであるが，政策次元の要因にくわえて当時の温暖化現象によっても説明できる。なぜなら，8世紀から12世紀の西ヨーロッパは，現在よりもはるかに温暖だったといわれるからである[47]。これにより，それまで寒冷だった地域での葡萄栽培が可能になったと推論することができるわけである。

文化的な側面に目を転じると，ワインの生産と消費の増加は，キリスト教信仰の強化と相関性の高い現象としても理解することができるだろう。上にみたように，カトリック教会の力が強化されればされるほど，またそれと表裏の関係にある側面であるが，布教活動が推進され，より広い地域においてより多くの信者が獲得されるようになるにつれて，ワインの需要がのびていったと考えられるのである。

［4］フランク王国末期の諸相

■ノルマン人の移動（第二次民族移動）

9世紀半ばころから，西欧地域への外部民族の侵入が激化する。南方からのイスラーム勢力，東方からのアジア系騎馬民族マジャール人，そしてなによりも北方からのノルマン人による侵攻である。現在の北欧三国のあたりを原住地とする北ゲルマンのノルマン人（ヴァイキング）は，8世紀末よりその活動を活発化させ，とりわけ9世紀半ばころから西欧への侵入を盛んにおこなった[48]。ノルマン人は，ライン，セーヌ，ロワールなどの河川をはるか上流にまで航行し，河岸の都市や修道院などを略奪した。

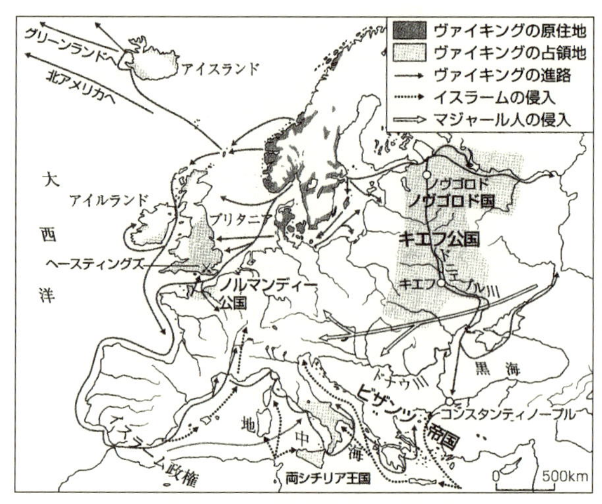

図9　9～12世紀のヨーロッパ
〔出典：山川（2009）：94〕

襲撃された西欧各地の支配層は，貢納金をさしだして略奪をのがれ，撤退してもらうしかなすすべがなかった。こうしたノルマン人の侵攻は，911年に族長ロロがその征服した北仏ノルマンディを支配するようになったのを契機に，徐々に収束していった。ヴァイキング活動の収束は，北欧諸国での王権強化およびキリスト教化と軌を一にしており，それが結実するのは11世紀のことである。なおロロは，セーヌ河口地域を封（レーエン）として付与され，洗礼をうけて西フランク王（フランス王）の臣下となった。これがノルマンディ公領のはじまりであり，その地に定着したノルマン人は故郷の言葉を捨てフランス語を話すようになり，フランス化していった［服部（2006）: 193］。

■フランク王国の弱体化とワイン文化

領邦の自立化

ノルマン人の移動は，「西欧封建社会を醸成した強力な酵母の一つ」とも理解される[49]。またノルマン人の侵攻と同じ時期には，南からのイ

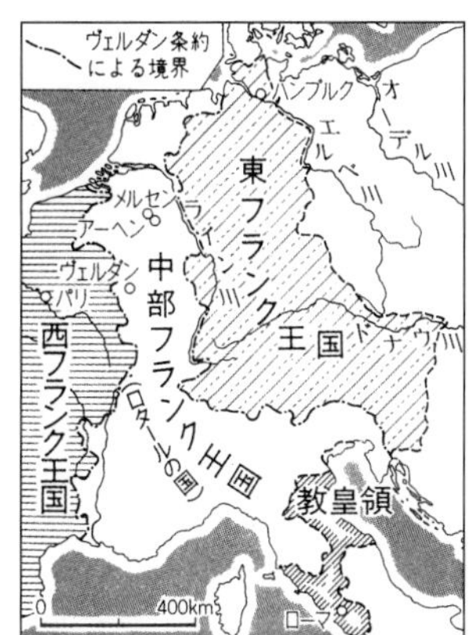

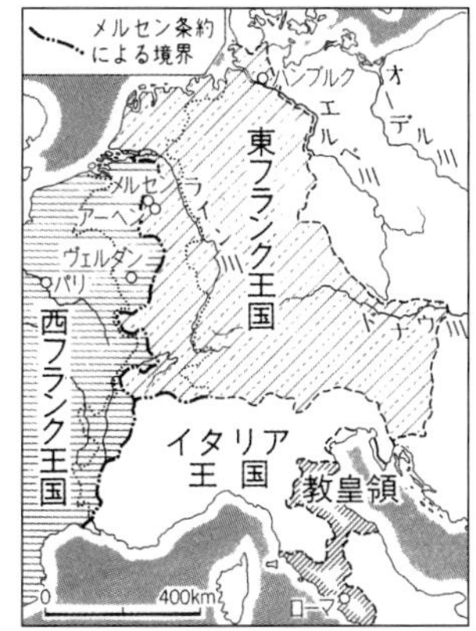

図 10　ヴェルダン条約とメルセン条約によるフランクの分裂
〔出典：山川（1991）：96〕

スラーム勢力の侵攻も依然としておこなわれていた。つまり，フランク王国を中心とする西欧世界は南北両面からの脅威にさらされていたわけである。こうした外部民族の圧力によってシャルルマーニュの帝国が弱体化していくにつれ，各地の有力者たちは独自の支配基盤を築いていき，そのうちもっとも有力な者は領邦と呼ばれる支配領域を形成していった。

フランク王国が弱体化した結果，9 世紀半ばには王国が分裂することとなった。このうち，西フランク王国では，987 年にカペー家のユーグが国王に選出され，これがのちのフランス王家の系譜につらなっていく。とはいえ，フランス王国はかろうじて現在のパリを中心とするイル＝ド＝フランス地域を支配するにすぎず，その周囲を有力な領邦がとりかこむ形になっていた。フランス王国がそれらを支配下に吸収し，現在あるようなフランスの領域を有するようになるのは，もっと先のことである。

ワイン文化への影響

各地に形成された領邦などの自立的な地域権力のもとでは，ワインの生産に関して独自の施策がしかれるようになっていく。村レベルなどのより小さな地域の有力者や聖職者は，領主として葡萄畑を所有し，領民に対してはワイン専売権（droit de banvin）を行使する事例も多くみられた。

先にみたノルマン人による侵攻は，西欧の広い範囲において略奪行為をともなったが，第一次のゲルマン移動とは異なって，一般に葡萄畑は無傷だったといわれる。それは，ノルマン人の略奪行為が第一義的に物資や金品の調達にあったからだと考えられる。次のサン＝リキエ大修道院長ハリウルフの証言にみるように，たしかに当時の史料にはノルマン人の略奪，破壊という蛮行を指摘する記述に満ちあふれている。

> このデーン人という野蛮人どもが，そびえ立つ帆柱の間にうごめく姿は，森の中の野獣を連想させる。
> ［モラ・デュ・ジュルダン（1996）：80-81］

しかし，それらが主として教会関係者による記述であるという点で，多分に被害者意識の反映した，それゆえ誇張された記述になっていると考えるのが妥当である。したがって，ノルマン人を単なる略奪者としかみないならば，それは十分ではないだろう。

中長期的にみれば，ノルマン人がバルト海・北海から地中海にいたる政治的，経済的，文化的な交流の媒介者になったことをみのがすべきではない

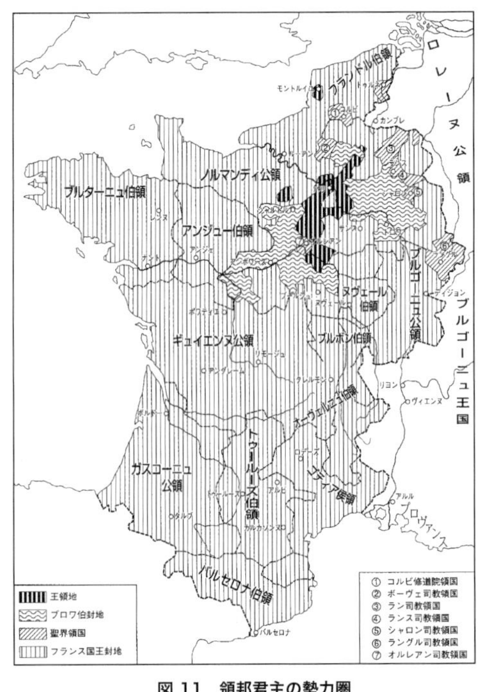

図 11　領邦君主の勢力圏
〔出典：山川歴史大系『フランス史』（1995）：177〕

［服部（2006）: 193］。その意味で，西欧は彼らの目にまさに桃源郷のごとく映じたのかもしれない。じじつノルマン人は，エルベ河，ライン河，セーヌ河，ロワール河を伝って西ヨーロッパの内陸奥深くまで達し，他方では遠くジブラルタルを越えて地中海にまで進出し，シチリア島を一大拠点に活動した。こうして9世紀末までには，北欧が交易路の拠点になったとさえ論ずる研究者もいる［プレシ&フェルターク（2000）: 38-40］。

ノルマン人のほかには，現在のオランダ北部からドイツにまたがるフリースラント地方に居住するフリーセン人が活発な商業活動を展開していた。フリーセン商人は，錫，琥珀，石材，木材，塩，葡萄酒，毛皮などの交易で利益をあげ，バルト海と英仏海峡を結ぶ遠隔地交易の中継役として繁栄した。このとき彼らは，セーヌ河をのぼってサン＝ドゥニ（St-Denis）やパリにいたり，あるいはライン河をストラスブールまでのぼってワインを買い求めた［モラ・デュ・ジュルダン（1996）: 82-85］。

こうして，商人たちの活動により，西欧のワインは北方や東方の遠隔地へと運ばれていった。それはすなわち，次の時代に顕著となるラテン・キリスト教世界の拡大を象徴するものでもあったといって過言ではない。

【註】

30 V. Hugo «Dieu n' avait fait que l' eau, mais l' homme a fait le vin.», cité par Garrier（1995）: 37.

31 *Dictionnaire alphabétique et analogique de la langue française*（*Le Petit Robert* 1）, Paris, 1989, article «vin»; *Oxford English Dictionary* Online, article "wine"［accessed 1 November 2017］. さらに語源をさかのぼれば，紀元前17世紀半ば，小アジアに国家を樹立したヒッタイト人の楔形文字に "Wiyanas" がみられ，これがヘブライ語（聖書）の "Jajiin" や "Yayin" へ，さらにはギリシアに "Woinos" という風に伝わっていったといわれる。古賀（1975）: 14。

32 Lachiver（1988）: 23 ; 古賀（1975）; 辻原康夫（2002）: 86 にも，わりと詳しい説明がある。

33 より詳しくは，『歴史学事典』（弘文堂，1998），第2巻，「ブドウ酒」の項を参照。

34 彼らの著作によれば，すでにこの時代においては葡萄品種の種類は多岐にわたっており，一説には約60品種が栽培されていたともいわれる。Lachiver (1988) : 24.

35 ゲルマン移動期の史料はきわめて乏しく，パリでのユリアヌス帝とワインのかかわりなど，多くの実態が不明なままである。Lachiver (1988) : 40-41.

36 ワイン文化史家ラシヴェールは，これをカベルネ・ソヴィニョンなど現代の主要品種であるカベルネ系品種の祖先ではないかと推測している。Lachiver (1988) : 35.

37 高校時代に使用した教科書で十分だが，機会があれば社会人むけに刊行される『もういちど読む山川世界史』（山川出版社，2009年）も一読するとよい。世界史にかぎらず，他の教科でも刊行されているおすすめの本である。

38 アンリ・ピレンヌ他『古代から中世へ―ピレンヌ学説とその検討』佐々木克巳編訳（創文社歴史学叢書，1975年）に所収の二論文「マホメットとシャルルマーニュ」および「経済的対照―メーロヴィンガ王朝とカーロリンガ王朝―」。ただし，ピレンヌ学説に対する批判も多い。とはいえ，中世ヨーロッパ世界の成立事情を，そのすべてではないにしろ，部分的によく説明する点を評価する研究者も少なくない。服部（2006）: 175,178,190。

39 325年のニカエア公会議において，父・子・聖霊の三位一体の神学が正統とされ，それを認めないアリウス派は異端とされた。ゲルマン人にまず広まったのはこのアリウス派であり，本文にあるとおり，カトリック教会はこの「異端」を克服すべく宣教活動を展開していく。詳細は，服部 (2006) : 221。

40「コンスタンティヌス大帝の寄進状」（「コンスタンティヌス帝の定め」とも）なる文書には，ローマ教皇シルヴェステル1世にローマ皇帝の任命権が譲渡されたと記される。レオ3世がこれを根拠にみずからの皇帝任命権を正当化したと考えるのが通説である。この文書が偽造されたものであることは，ようやく18世紀になって最終的に実証された。

41 フランク王にローマ皇帝位がおくられた背景には，複数の要因が作用した考えられる。そのうち主要なものとしては，ビザンツ帝国での聖画像禁止政策（726年の聖像禁止令），およびローマの政情不安があげられる。服部 (2006) : 182。

42 オスカル・ハレツキによれば，イスラームの進出によって喪失した地中海南部を北欧・東欧への拡大で埋めあわせたことによって，キリスト教的ヨーロッパ世界が成立し，「ヨーロッパ時代」が開始されたと解釈される。服部 (2006) : 162。

43 聖書の「ヨハネ福音書」第6章にもとづくとされる。『歴史学事典』第2巻，「血」，「肉」の項。「両形色のもとに聖体拝領」という訳は，仏語の «la communion sous les deux espèces» をベースにしている。

44 もっとも，ワイン生産が「神の恵み」でないことが科学的に解明されたのは，19世紀初頭のフランスの化学者ゲ=リュサク（Gay-Lussac）らによってである。

45 このころ，農奴から教会への貢納で，収穫の10分の1を支払う十分の一税も定着するといわれる。Lachiver (1988) : 227.

46 古賀（1975）: 146。ただし，古賀はその典拠や根拠を明示しているわけではない。

47 堀越（1997）: 9-14。もちろん，気候変動は人間活動の本質的制約要因というよりも，その一条件にすぎない。われわれは，むしろ人間側のワインに対する思い（人間の主体的姿勢）や，文化におけるワインの位置づけにも留意すべきである。

48 ヴァイキング移動にみる広範化の要因については，温暖化説もそのひとつにくわえることができるが，おそらくはこれと連動する形で，原始ゲルマン社会の構造に着目する社会経済史的な観点から人口過剰（相対的土地不足）説が提起されている。これによれば，もともと本国で牧畜経済に依拠していたノルマン人は，基本的に貧しい独立自営の農民層であり，経済的発展に限界をもつ牧畜経済のままでは自分たちの社会を維持することが困難であったといい，それゆえノルマン人は外部に活路をみいだすしかなかったとされる。岩波講座『世界歴史』第7巻，中世ヨーロッパI（1969）: 290-291；熊野『北欧初期社会の研究』(1986) : 9-10；熊野『サガから歴史へ』(1994) : 113-114, 232。しかし，これではヴァイキング活動が統率のとれた集団的行為だったということを説明しづらく，より主体的な動機は他に求められねばならない。なお熊野はのちに，ノルウェー各地の地域豪族がみずからの権威を高めること（政治文化的側面）と，生活物資の調達（経済的側面）という二側面を提示するようになる。熊野（1998):「第2章　ヴァイキング時代」。ちなみに，より多くの読者をもつと考えられる武田（2004）は，人口過剰説を提示する。

49 岩波講座『世界歴史』第7巻，中世ヨーロッパI（前掲書），291頁。

【補足資料】

◇◇第II章の最後に

＊＊ ちょっとひと息 ＊＊＊＊

●ワインの瓶について

学生IC　先生のもっていた瓶をみて思ったのですが，瓶の色はワインに何か影響があるのでしょうか。

学生SA　瓶には緑がかったものが多いようですが，中のワインを保護するために着色しているんですよね？それにしても，なぜ緑色なのでしょう。茶色の瓶にはいっているワインをみたことがありません。

教員　ご明察のとおり，ワインの変質を防止する一環として，太陽光（紫外線）の影響を最小限にくいとめる役割があります。「瓶臭」というのですが，ワインの香りが不快臭に変化してしまうのです。濃い緑色や褐色の瓶は，そのような事態をさけることを意識して使用されています。だから，よく注意して観察すれば，SAさんのいう茶色の瓶もみつかるはずです。しかし，それではワインの色合いが外からわかりません。そうすると，色合いで勝負したいワイン生産者にとっては死活問題ですね。とはいっても，赤ワインで透明色を使用することは，ボジョレ・ヌヴォなど短命なものを除き，ほとんどないようです。

●ワインづくり

学生S　ワインと葡萄の糖度，葡萄栽培地域の話がとてもおもしろかったです☆

教員　これまた，今まで考えたことのないような内容でしょうから，新鮮だったでしょうなぁ。しかし，まだまだ推理には知識が必要です。ぼくもま

国立科学博物館（東京・上野公園）
ワイン展ーぶどうから生まれた奇跡ー　2015年10月31日（土）～2016年2月21日（日）
写真提供：学生IM（医）による

だまだ勉強しなくては…と思うくらいに奥が深いといいますか…。

学生H　葡萄の糖度の件ですが，ワイン用の葡萄がどれだけ甘いのか想像できませんね…。

教員　授業で言及したように，あまーいとしか表現しようがないなぁ…。そこは想像力でカヴァーしましょう。まさに歴史的考察力につうずるではありませんか！ではっ‼（講義が終わり，教室を足早に去ろうとする）

学生S　ちょっとちょっと先生！（と，教室を出たところで教員をつかまえる）

教員　（やべっ。つかまっちまったい…。）

学生S　ワイン用の葡萄って，そんなに甘いんですか？デザート感覚でおいしく食べられませんか？

教員　甘いものに目がない人は，おいしく食べるかもしれませんが…。ものには限度がありますからねー。パクパクと食べることができるのは，かなりの猛者ではないでしょうか…。

学生S　ん～，そんなものですかねえ～。やはり実際にモノをみながら飲みながらじゃないとピンと来ませんね。

教員　それはごもっともですが…難しい問題ですな。糖分の問題については，いずれ「貴腐ワイン」のところでも類似の問題に言及しますので，どうぞ参照してくださいませ。

学生WA　島根には島根ワイナリーがあります。また，デラウェアを売っています。デラウェアはワインになるのでしょうか…あ，今，授業でその話になりました（笑）

教員　タイミング良くその話になりました。授業にて力説したとおり，糖分が含まれているかぎりアルコール飲料はできます。

学生KC　私はデラウェアが許せません。「甲斐路（かいじ）」が好きです♪

教員　理由はわかりませんが，葡萄に悪気はないので，許してやってください…(^_^;

●着々と「洗脳」進む

学生SA　今朝テレビを観ていたら，おばさま方の「はとバスツアー」のことをやっていました。山形でワイナリー見学をしていて，そこで配られたのが，さくらんぼのワインでした（笑）せっかくだから本物のぶどうのワインをプレゼントすればいいのにと思ってしまったのは，おそらくこの授業の影響です。

学生S　私もその番組を観ました。「おいしいです♪」と笑顔で語る奥様方に疑惑の目をむけてしまうのは，明らかにこの授業の影響ですね。

教員　なるほど，なるほど。たしかに，そうかもしれませんな～。

学生S　コンビニやスーパーに行って，ついつい酒コーナーに足がむいてしまうのもまたしかりです。

学生HT　例年だとボジョレ・ヌヴォの解禁がニュースで報道されるたびに，チャンネルをかえていたものでしたが，今年は興味をもってチャンネルをかえず観るようになりました♪

教員　あらまー。諸君，それは明らかに洗脳されてきたという証拠ですね～。勉強熱心ですね～♪

学生AS　サークルの飲み会で，自称「ワイン好き」の先輩が，実は何もわかっていないということに気づいたとき，講義の成果が発揮されたと感じました。

教員　「何もわかってない」と気づくほどに，きみの「ワイン知」が向上しているということでしょう。めでたし，めでたし。

学生AS　グラスの持ちかたや蘊蓄が，まるでなっていなかったのです。さすがに指摘はしませんでしたが…。

教員　ははぁ〜，さすがに先輩相手だと指摘しにくいですかね…。ぼくも，だまって聞いてることでしょう。ただし，自分はちゃんとしたやりかたでグラスをもって，それくらい知ってるんだぞ，といったメッセージを雰囲気でかもしだしつつ…。

学生TM　最近，行きつけのスーパーで，ワイン売場を覗くようになりました。まだ買ったことはありませんが…。ワイン通らしき中年男性から「なんでおまえがここにいるんだよ」というような目でみられることもありますが…。

教員　「おまえこそなんでいるんだよ」的な目で睨みかえしてやってください(^^)

学生KR (LB)　最初は半信半疑でしたが，最近気づくと買えもしないのにワインコーナーにぶらぶらと近づいていって，少し気取ってワインをみている自分がいることに驚きました。私はお高めの居酒屋でバイトをしているのですが，なんとグラスはボルドー，ワインはブルゴーニュという組合せで提供していることに気づいたのです！正直ショック…。

教員　確実に洗脳進行中というわけですな。

学生 (農・藤田)　私は本気でワイン通になりたいので，先生がお忙しいのは百も承知ですが，洗脳のためにどうかよろしくお願いします。

教員　そのようにひれ伏すような懇願をされると，ドSの血が騒ぎますな。ビシビシやるので，ついてきなさい！

●ウィットに富む回答のセンス

教員　それにしても，君はぼくの前で大きなあくびをしますねえ〜。

学生G　あくびは脳が酸素を欲しているからでるものであって，我慢していたら酸欠で倒れ，先生の授業を妨害してしまうと思ったから，泣く泣くだしていたのです。そう，あくびをしたあとに涙目になっているのは，授業中にあくびをすることに対して後ろめたさがあるからです。…ごめんなさい。

教員　ははは。そういう返しかたは，時と場合に応じて社会にでてからも必要です。なにせ，世の中にはいろんな人種がウヨウヨしているのですから，ストレートに回答するよりも，ウィットに富む回答のほうが，その場の雰囲気をやわらげてくれることもありますよ，きっと。

●本コーナー，小さな字の理由

学生D　そもそも，なぜこんなに小さな字でなさるんで？インクの節約でもたくらんでらっしゃるとか？

教員　見破られたか (＾＾)

学生D　えっ そぉなんですかぁ？(ﾟ◇ﾟ) ガーン

教員　もちろん冗談です。

学生D　ホッ (´ヘ`;)

教員　な〜に，理由なんて大したことはありません。読む人は読む。読まない人は読まない。でしょ？

学生D　まぁ，それはそうですが…。

教員　字を小さくしておけば，なるべく省エネで単位を取得したいと思う人は，めんどくさがって読まないでしょう。ですから，真面目にとりくんでいる人に対するサービスとでもいいますか。

学生D　ほぅほぅ。

教員　しかも，サービスというからには，ボーナス的な内容を含むこともあるわけです。

学生D　ボ，ボ，ボーナスといいますと⁉

教員　まあ，今までこのコーナーで発表された宿題などの課題をこなしてきたでしょう？あれこそ，まさにボーナスポイント源ですやんか～。

学生D　ああ，なーるほど…。すると，この先もそういった感じでのボーナスがある，と？

教員　それをここで明言してしまっては，あとの楽しみがないじゃないですか～（＾＾）

学生D　楽しみが…ですか（ちぇっ）

教員　ん？何か言いました⁇

学生D　いえいえっ！深遠な思想に貫かれているな～，と心のなかで感動していただけですf(^—^;

教員　深遠な思想だなんて照れるなぁ～。ふてくされてるんじゃないか，てっきりそう思いこんでいましたよ。（この学生は考えていることが顔にでやすいから，わかりやすいねぇ～）

学生D　（お～アブねぇアブねぇ）

教員　（よし，ちょっとおだだてみるか♪）まあ，ボーナスなんかなくても，みなさん優秀な学生さんばかりですから，期末試験一発で合格すると思いますけどね（＾＾）

学生D　優秀だなんて，そんなそんな。ま，まぁ，向学心はあるほうだと思いますがぁ…向学心がありすぎて，今後はどんなボーナスがあるかということも知りたくなってきちゃいました～（＾＾ゞ

教員　（んー。すかさずそうきたか…）ほぅ，それはそれは向学心旺盛で，けっこうなことですな。そういわれてみれば，たしかに向学心旺盛そうな顔をしてます。

学生D　ははは，よく言われるんですよ～（言われたことないけど）

教員　まあ，今までの流れをちゃんと観察している人は，すでに気づいていることと思いますがね。ここのところ，たてつづけに宿題がだされているわけですよね。その傾向が，今後も続くのではないか，とみています。

学生D　そんな～人ごとみたいに…（と言いつつもφ(..)メモメモ)

教員　まあ，そう言わず。真面目に出席して，しかもこのコーナーを熟読している人には良いことがないと不公

ナポレオンが愛した（と，俗にいわれる）ワインを産するブルゴーニュ地方のChambertin

平ですからね。ちなみに，受講生のなかには，ミニットペーパーが配布されて，それをどうしたらいいのかわからずに，ええいっ！とばかりに適当に書いて提出している人がいるのですが，そんなことしても無駄です。他方，「質問ノート」のつもりで書く人もいますが，きちんと「質問ノート」に書いた人と同じような加点はありません。

■■しがない歴史教師のひとりごと
一期一会

この四文字熟語は，意味を勘違いしてもちいられることの多い熟語のひとつである。「一生にもう二度と会えないこと」でも，「いい出会いは一生に一度」でもない。一期一会とは，「茶席に臨む者にとって，今こうやってめぐりあっている機会は二度とやってこない。だから，主人も客も誠意を尽くすべし」という茶道の心得であり，「今この出会いを大切に」という意味である。千利休の弟子である山上宗二がいいはじめたそうだ。

ワインもそうだ。同じ銘柄でも，飲むシチュエーション，料理や体調などによって，味わいが異なるものだ。だから，たとえ同じ銘柄のワインを飲んだとしても，飲むたびに異なる味わいになることが多い。ただでさえ繊細なワインのデギュスタシオン（＝テイスティング）。まさに一期一会の精神がフル稼働しなければ，ワインに申しわけない。

Ⅲ ワイン文化の発展 ―中世盛期―

【本章の概観】

この時代には，ラテン・キリスト教世界の地理的拡大をはじめ，政治，社会，経済の諸側面にさまざまな展開がみられ，ヨーロッパ史が新たな段階をむかえる。もちろん，ワインの生産と消費にとっても大きな変化の局面となった。まず，「大開墾時代」とも呼ばれるように，この時代は農業の大発展に特徴づけられる。これには聖俗双方の勢力が寄与することになるが，前章でみたとおり，とりわけカトリック教会がワイン文化の展開にあたえた影響は依然として非常に大きかった。それは，ワイン生産にかかわる技術的発展の中心となったカトリック教会が，その影響力を村レベルへと根づかせていく動向とも対応する。それとともに，人口増加は都市の発達とも連動し，消費の面でワインが不可欠な飲料になるとともに，その文化的存在感がさらに高まっていった。

Ⅲ　ワイン文化の発展
―中世盛期―

［1］中世盛期という時代

■大開墾時代の到来

ノルマン人の侵入が収束していく10世紀ころから，西欧の歴史は新たな段階にはいっていく。とりわけ11世紀から13世紀までの期間は，それまでの中世前期とは異なり，未曾有の経済成長と人口増大とによって特徴づけられ，14世紀のルネサンスや16世紀以降の主権国家の成長を準備する重要な時代になった。

こうした時代の特徴である人口増大の側面に，まずは着目してみよう。イベリア半島とイタリアをのぞく西欧の人口は，1000年ころの1,140万人から黒死病流行の直前にあたる1340年の3,570万人へと約3倍もの増加をみた。その他の地域でも，人口増加の勢いは強く，同期間に2倍ほどの増加がみられたとされる［中井（2007）: 86］。

こうした人口激増の現象は，いうまでもなく西欧における経済の発展と表裏一体の関係にあったと考えるのが妥当である。まず注目すべきは，農業分野にみられた技術革新である。水車，重量有輪犂，馬の農耕利用，三圃制の導入など耕作にかかわる技術の改良がめざましく，農業生産は一気に向上した。また，同時期に推進された新たな農地の開墾により，耕地は飛躍的に拡大していった。その主体は，農民，領主，修道院とさまざまである。こうした耕地開発が盛んだった11世紀半ばから13世紀までの時期は，とくに「大開墾時代」とも呼ばれる。この時代に，生産性向上などのため村落共同体が発達し（集村化），それと並行して村レベルでの領主の支配も強化されていったと考えられている。

■都市の発達

次に，この時代には都市が発達したことも忘れてはならない。司教座都市（キウィタス）は依然として地域の中心都市として栄えつづけたが，とくにセーヌ河からライン河のあいだでは，キウィタス，王宮，修道院などの近隣に商人定住地（ブルグス）が形成され，商業活動の拠点へと成長していった。こうして中世都市が発達するなか，技術革新は商業分野でもみられるようになり，その主要な事例としては船舶の大型化が注目される。それまでは数十トン規模の船舶が主流で，河川航行による貿易が盛んだったが，100トンを超えるような大型船舶が普及するにつれて，河川航行よりも海上貿易の比重が増していき，その結果，海港の役割が増大した。

以上の諸事情は，一方ではワイン消費を増大させ，他方では西欧を中核とするラテン・キリスト教世界が外にむかって拡大する原動力となった。したがってそれはまた，ワイン文化が西欧世界をこえて拡大していくことをも意味したといえる[50]。

資料2　高校世界史にでてくる数少ない（ほとんど唯一の？）ワインについての記述
〔出典：山川（2009）：103〕

香辛料・銀・毛織物・ブドウ酒

中世後期のヨーロッパでは，諸地域の特産物を海路や陸路をつうじて交易する遠隔地商業がめざましく発展し，これが都市の重要な経済的基礎となった。アラブ商人が隊商をくんで東方から地中海東岸まで運んできた香辛料，とくにコショウは，ヨーロッパにとって肉の貯蔵と調味に欠かせない国際的商品で，需要が増大した。ヴェネツィア・ジェノヴァなどのイタリア商人は地中海経由でこれをもたらし，莫大な富をてにいれた。その際，見返りとして東方に送られたもっとも重要なものは南ドイツ産の銀で，アウクスブルクなど南ドイツ諸都市はこれを基礎に繁栄した。

毛織物もひろく全ヨーロッパに流通した商品で，フィレンツェなどの北イタリア都市，中世最大の毛織物工業地帯であるフランドル諸都市の発展はこれによるものである。また，その原料となる羊毛の最大の生産地イギリスは，羊毛取引による関税が王室の重要な収入源であった。また，ブドウ酒は，カトリックの儀式や上流階級の生活の必需品で，ひろく取引され，その特産地の西南フランスのガスコーニュ地方（とくにボルドーのワインは有名）は，百年戦争に際して英・仏の争奪のまととなった。

［2］ワイン文化の拡大と深化

■生活リズムに根ざすワイン文化 ―農事暦とキリスト教―

カトリック教会の霊的支配下にはいったとはいえ，キリスト教信仰が農村の隅々にいたるまで一朝一夕に根をおろしたわけではもちろんない。それは，キリスト教化のはるか前から根づいていた土着の信仰や風習が，強固に残存しつづけたからである。したがって，キリスト教の布教は，多くのばあい現地に残存する信仰・風習を利用したり，とりこんだりする形ですすんでいった。

このような事情から，キリスト教化前から穀物栽培や葡萄栽培，ワインづくりがおこなわれていた地域（村落共同体）では，キリスト教の影響下にできあがった農事暦にも古くからの農業慣行が強く反映することになった。

たとえば，3月～4月は春麦の播種の時期であるとともに農作業開始期でもあり，キリスト教の復活祭として維持された。復活祭は，キリストが十字架刑に処せられたのちに復活したことを祝う日で，春分の日のあとの最初の満月の夜のあとにくる日曜日をいい，その日は年によって3月下旬から4月下旬のあいだを移動する。収穫が終わると，貢租や各種の賃貸料，契約金の支払いがおこなわれたが，9月29日のミカエル祭や，10月1日の聖レミの祝日になされることが多かったようである。夏至祭はキリスト教化後に聖ヨハネ祭として祝われ，7月から8月にかけては麦の収穫がおこなわれ，9月から10月に葡萄などの収穫を終えると，冬の準備をしながらクリスマス（キリスト降誕祭）を待つ。クリスマスは，冬至祭に起源をもつといわれる［堀越（1997）: 64-70；地中海学会（編）(2002) : 151-］。

■世俗諸侯にとってのワイン

大きな展開に特徴づけられる時代にあって，ワイン文化もまたこの時代の影響をうけないはずがなかった。ディオンがいうように，「ワインの品質と評判は，領主，国王，皇帝らの権力と富をはかる基準となった」のである［Dion（1959）: 192-194］[51]。それゆえ，中世において「ぶどう栽培は宗教上の役割とは別に，高位の人々の生活には欠かせない装飾品であり，またそのことによって社会的尊厳のはっきりした表現のひとつでありつづける」のである［ディオン，『ワインと風土』（福田育弘訳）（1997）: 121］。

領主の直営地にはさまざまな収穫物が集められ，その余剰は外部の市場に送りだされ，逆に外部からは必要な商品がとりいれられるという，ひとつの交易網が成立する。ここでワインは，労働量がより少なくてすむのに対して利益性が高かったため，領主直営地ではそのような商品生産に傾斜する傾向が強かった。いいかえれば，国王，皇帝も含め，世俗諸侯は多かれ少なかれこうした領主としての顔をもっていたから，そのもとでも精力的なワインづくりがなされていたというわけである。

✐コラム３　農事暦

村落共同体における重要な行事は，１年間を計画的に村の農作業や日常生活にあてることによってなりたっていた。この農事暦は，キリスト教の普及する前から住民に根づいていた土着信仰もくわわり（したがって地域によっても異なる），じつに多彩な暦になっていた。

本文に述べた祭事のほかに，２月の謝肉祭（カーニヴァル）は，農民が肉食をやめ，わずかな食料で復活祭までのあいだ耐える時期である。待ちに待った復活祭をむかえると，人びとは肉食を解禁し，解放感にひたる。5月には，復活祭50日後の聖霊降臨祭の月となることが多かった。それは，6月からの農作業の本格化をひかえ，つかのまの休息ともなった。

ところで，領主支配のありかたのなかに，バン領主制（裁判領主制）と研究者が名づけるものがある。ここでの領主は，その支配権の軍事的保護者としての側面をもっており，そのみかえりとして税を課したが，農業経済が主たる地域では，水車やパン焼き窯など当時としては最先端機材の使用強制権（droit de banalité）が領主によって行使された。葡萄栽培地域では，ワインづくりに不可欠な圧搾機がその対象となった。いずれの機材も一般農民からすれば高価であり，自前でそろえることができなかったから，領主の使用強制権は農民にとってなくてはならなかったという側面もある。他には，ワイン専売権（droit de banvin）という領主権も存在した。これは，領主がワイン売却において有利な利益を獲得するために，農民に対して一定期間ワインの販売を禁止する権利である。

■聖界諸侯にとってのワイン

ことのほかワインづくりに力をいれたのは，カトリック教会だった。教会領は世俗領と比較して安定性が高かったといわれ，フランスでは革命期にいたるまで，フランスの全資産の 20 〜 25%を占めた［渡辺（1995）: 269-326］。そのすべてが葡萄畑だったわけではないが，それでもワインづくりが教会の活動において主要な要素であったことにかわりはない。13 世紀まで，一般の人びとに対する聖体拝領（ミサ）では，パンとともに実際にワインが使用されていたという［ディオン（1997）: 123］[52]。であるから，祭儀という実際上の理由からワインが必要とされたという側面があるわけである。また，ワインは利益性の高い商品でもあったから，余剰生産物は有効な換金手段ともなった。

ところで，ディオンの鋭い分析によれば，ブルゴーニュには葡萄畑の関係で司教区の境界線さえ変更された形跡があるという。それはジュヴレ＝シャンベルタン村に関係しており, 9 世紀にはオタン司教区に属していたとみられるが，13 世紀にはラングル司教区（ディジョンのある教区）に属すようになった。**図 12**をみると，たしかにジュヴレ＝シャンベルタン村の境界線が不自然なまでに南方へと飛びだしているのがわかる。これは，ジュヴレ＝シャンベルタンを所望したラングル司教の意向に沿った形での境界変更であったと考えられている。

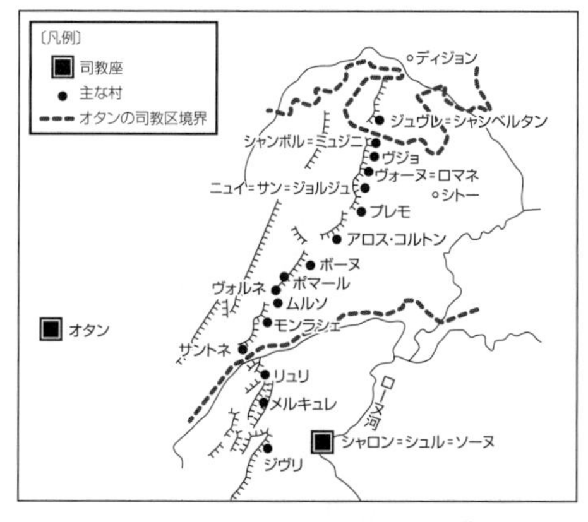

図 12　コート・ドールの丘にある偉大な葡萄畑

〔出典：R.Dion, *Le paysage et la vigne: essais de géographie historique*, Paris, 1990 をもとに作製〕

■修道院の事例

既述のとおり中世盛期は大開墾時代と呼ばれ，森林地帯や荒蕪地の開墾が積極的におこなわれたが，葡萄畑との関連でいえば，とりわけ修道院による開墾が目をひく。540年に成立した聖ベネディクトゥスの会則（そのモットーは「祈りと労働」）のもと，修道士たちはワインづくりに専心した。修道士たち自身は飲酒を控えるよう勧められていたものの，その一方では一人一日0.271リットルのワインを飲むことを許可されてもいた［ピット（2012）: 159］。

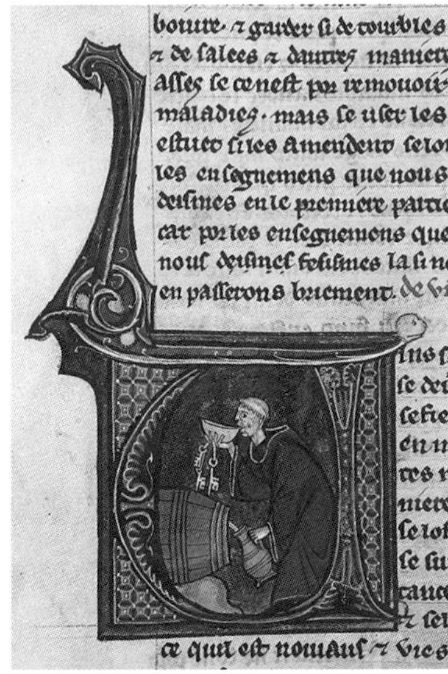

図13　ワインを盗み飲む修道士
〔出典：British Library〕

この結果，8～9世紀に発展しはじめた修道院による葡萄畑所有は，中世盛期に飛躍的に増大した。たとえば，有名なサン＝ジェルマン＝デ＝プレ修道院は，セーヌの南側一帯に約3万3,000ヘクタールもの所領を領有し，パリ南方を中心に広大な葡萄畑を所有して，河川の近くや丘陵の日当たりのよい場所で葡萄栽培がなされ，約6,400hℓものワインを生産していた［渡辺（1995）］。アルジャントゥイユ（Argenteuil）に葡萄畑を所有していたことで知られるのは，フランス王家の菩提寺院として有名なサン＝ドゥニ修道院である。プルイ修道院は，セーヌ右岸に葡萄畑を所有し，その分布はブルゴーニュのオセール（Auxerre）地域（現在のヨンヌ県）にまで広がっていた。

11世紀から12世紀にかけては，ブルゴーニュのマコン近郊を拠点に，クリュニー修道院がめざましい発展を遂げ，ヨーロッパ各地に1,500ほどの従属修道院をしたがえるほどだった［朝倉（1996）: 29-31］。11世紀末には，このクリュニーの堕落に反発して離脱した修道士が，ボーヌ（Beaune）の北方にシトー会修道院をおこし，近隣の森や荒蕪地を開墾して，現在のコート・ドール県にあるディジョンからボーヌにいたる地域に葡萄畑を開いていった。このシトー会が所有した葡萄畑のなかで，既出のクロ・ド・ヴジョは，現在グラン・クリュとして君臨する「偉大な葡萄畑」のひとつである［ディオン（1997）: 139］。

フランスではのちの大革命によって修道院と葡萄畑の深い関係が断絶することとなったが，そのような激変を経験しなかった他のカトリック諸国では，修道院のワインづくりは継続した。ラインガウ地方のシュロース・ヨハニスベルクは，そうした葡萄畑の代表格である。

修道院やその他の僧院は，王侯貴族や旅人が旅の途中で宿泊するホテルの役割もになっていた。客人を迎えるのはキリスト本人を迎えることと同義と考えられ，最高のもてなし（ホスピタリティ）をほどこすことが追求された。ここでは，歓待のためによいワインを供するという行動様式がみられたが，これは多かれ少なかれ俗人のあいだにもみられた。そうしたワインによるもてなしは，「礼儀作法」でさえあったという［ディオン（1997）: 124］。ずっとのちの1821年，博物学者ボスクの証言によれば，その40年前にシトー会修道院が非常な手間をかけて畑を維持していたことを目のあたりにして驚いたという。それは，この非常に古い葡萄畑でできる小さな葡萄果を，他の葡萄果とは別々に摘みとって，厳選された原料から「王や大臣たちや友人たちに」贈るワインをつくっていたからだった。

以上のようにして，修道院はワインづくりの技術向上に関する一大拠点として機能していた。ここに，ワインをつうじて表現されるヨーロッパ文化の真髄をみることができる。

[3]「フランスワイン」の誕生

■ワイン産地とその呼称

地理的呼称の意味する内容というものは，時代や状況とともに変化する。「ヨーロッパ」の語もそうだったように，「フランス」と呼ばれる地域もそうである。既述のとおり，フランク王国分裂後は各地域に有力な諸侯が分立し，フランス王はパリ周辺の数百キロ圏（イル＝ド＝フランス）を支配するのみになった。したがって，当時の「フランスワイン」とは，フランス王の支配がおよぶイル＝ド＝フランスの領域に産したワインを意味しており，ボルドーもブルゴーニュも，厳密にいえばまだフランスワインではない。同様にして，人気のワインはその産地や集散地の名をとって，「マルヌワイン」，「ボーヌワイン」，「オセールワイン」，「ボルドーワイン」などというように，より狭い地域の名称で呼ばれた。

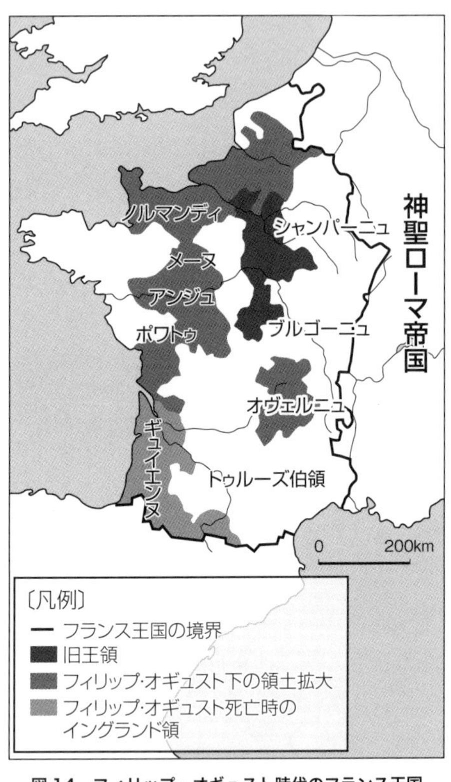

図14　フィリップ・オギュスト時代のフランス王国
〔L. et A. Mirot, *Manuel de géographie historique de la France,* Paris, 1980, p.141より作製〕

こうした地域名を冠したワインの名称が，現代の原産地統制呼称（AOC）の萌芽とみることも可能であることはいうまでもない。じじつ，20世紀のAOC法をめぐる政策論争では，ある地域産ワインが歴史的にどのように呼称されていたかということも問題化されることになる（第VI章を参照）。

■フランスワイン

ジョン王時代のイングランドにおけるワイン価格を定める王令（1199年）によれば，価格の高さは，ポワトゥ（Poitou ＝ラ・ロシェル La Rochelle），アンジュ（Anjou ＝オルレアン Orléans），パリ地方（イル＝ド＝フランス）の順だった。つまり，ラ・ロシェル，オルレアン，アルジャントゥイユなどで生産されるワインは，当時のヨーロッパの王侯貴族が好んで飲んだ名高いワインだったのである[53]。このなかで，アルジャントゥイユはパリ北西のセーヌ河岸に位置するワイン産地で，たとえば仏王フィリップ2世の食卓にのぼっていたのが，このアルジャントゥイユ産ワインだったことは有名である。つまり，当時のフランスワインを代表する銘醸地とは，このアルジャントゥイユをさしたのである。

現在，アルジャントゥイユでは葡萄栽培がまったく衰退してしまったが，このことはワインづくりが気候や地理的条件などの自然的環境のみによって規定されるわけではないという重要な側面を示唆する。いいかえれば，それは葡萄栽培とできあがったワインの品質管理や流通（市場のニーズ）などの人為的営為こそがワイン生産にとって不可欠であることを意味する。それゆえわれわれは，ワイン文化に関係するヒトという側面を軽視できないことに気づくのである。

［4］ボルドーとブルゴーニュのワイン業

■ボルドー

海港の役割が増大するなか，大西洋岸では，12世紀末以来ポワティエ伯ギヨム10世（Guillaume X, comte de Poitiers et duc de Guyenne）の統治下においてラ・ロシェルの港が発展した。ラ・ロシェルは，イングランド人，フラマン人の来航にともない，イングランドや北欧へのワイン供給地として機能するようになっていった。たとえば1240年，ウェストミンスター宮殿の貯蔵庫には19トノ（tonneaux：約900リットル）もの« vin blanc de La Rochelle »があったと伝えられるほどである[54]。

ボルドーとその港の発展は，ラ・ロシェルとほぼ同時期にみられるようになる。ボルドーワインが台頭する兆しは，遅くとも1154年にイングランド王の支配下にはいったのを契機としており，たとえば1215年の時点で，ジョン王は「ガスコーニュワイン」をなんと120トノ（750ml瓶に換算すると144,640本！）も購入したという記録が残されている。また，そのころイングランドの諸港には，多くのボルドー商人が行きかう姿がみられるようになっていた。

1224年のフランス王ルイ8世（Louis VIII, 在位1123-1226）によるラ・ロシェル遠征は，ボルドーワインの地位を向上させるのに大きく役だった。なぜなら，ラ・ロシェルなどの西部諸都市はこのときイングランド王に背いてフランス王に寝返ったが，それに対してボルドーはイングランド王の側につくことによって有利な立場を築こうとしたからである[55]。こうしてボルドーは，イングランド王の支配下にとどまることを宣言した見返りとして，1235年，永久に自治都市であることをイングランド王に認められた。イングランドの大陸側での主要な港となったボルドーは，フランス王国側の大西洋岸での重要港となったラ・ロシェルとのあいだに対抗関係を築くようになった。

ラ・ロシェルがフランス王の支配下にはいると，イングランド人はもっぱらボルドーで物資を調達するようになり，必然的にボルドーのワインがイングランドにおいてますます多く求められるようになっていった。その結果，13世紀末までには，ボルドー産ワインが世界のワイン市場に台頭しはじめ，ボルドーの港も国際商業の第一線に躍りでることになったのである。

ただし，のちに銘醸地となるジロンド河左岸のメドック地区は依然として小規模生産にとどまっていたし，ガロンヌ河周辺の沼沢地（palus）

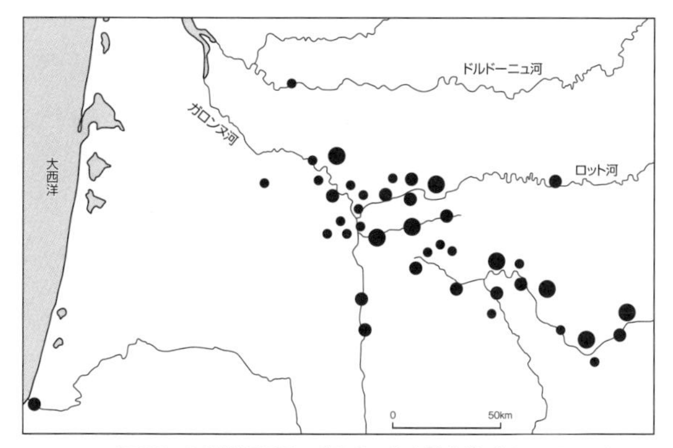

図 15　14 世紀初頭のボルドーと内陸産地（Haut-Pays）
〔Lavaud（2003）：128 より作製〕

は未開発のままだった。それゆえ，ボルドーからイングランドへのワイン輸出では，ガロンヌ河流域の近隣諸地域，とりわけガイヤク（Gaillac），カオール（Cahors），ベルジュラク（Bergerac）など上流地域から運ばれてきたワインが，ボルドーで大型船に積みかえられ運搬された。ボルドーから輸出されるワインは，その多くがイングランドに運ばれたが，その他オランダ，ハンブルク，ダンツィヒなどもイングランドにつぐ輸入地であった。

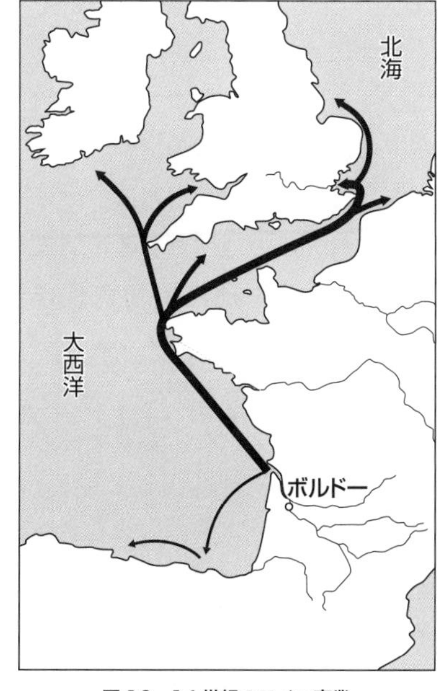

図 16　14 世紀のワイン商業
〔出典：Lachiver（1988）：117 より作製〕

このようにして，1305 ～ 09 年には年平均 105,000 トノものワインが輸出されるようになり，14 世紀にボルドーのワイン商業が繁栄期をむかえた。この世紀には，ボルドーからのイングランドむけ輸出が全輸出の4割を占めるにいたる。この勢いはやがて衰えていき，1482～83年以降，ワイン輸出量は年間10,000トノ以下に落ちこむ。16世紀以降，若干の復興がみられるようになるものの，14世紀の最盛期にはおよばない。

■ブルゴーニュ

では同じころ，ブルゴーニュ産ワインのほうはどのような状況だったろうか。ブルゴーニュ公国では，9世紀ころまでにオセールを中心にワインづくりが盛んにおこなわれており，現在でも有名なシャブリ（Chablis）においてもすでに良質ワインを産していた。ここでつくられたワインは，河川航行によって下流の大消費地パリへと運ばれた。同じころ南方では，ボジュ村一帯の地域であるボジョレ（Beaujolais）地区に葡萄畑が広がっており，そのワインは主にリヨンに輸出された[56]。

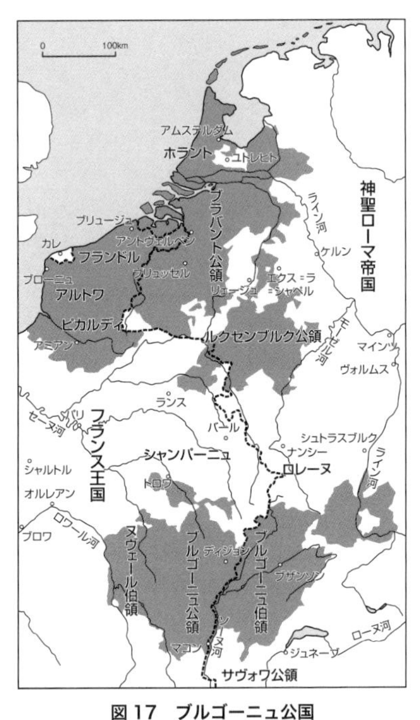

図17　ブルゴーニュ公国
〔L. et A. Mirot, *Manuel de géographie historique de la France,* Paris, 1980, p.141より作製〕

14世紀まで，ブルゴーニュ産ワインは多くのばあい「ボーヌワイン」とみなされたが，それには理由がある。というのも，フランス南部で当時の二大ワインといえば，ボーヌ産とサン＝プルサン（Saint-Pourçain）産であると考えられるのが一般的で，そのうちブルゴーニュ公国にあったのがボーヌだったからである。これらのワインは，パリをはじめとする遠方の諸都市へと輸出されることが多かったが，遠距離輸送に耐えるがゆえに質の高いワインであると認識されていた。とくにボーヌワインは，フランス王をはじめ，ウルバヌス5世やグレゴリウス11世などのローマ教皇や王侯貴族のテーブルに多く供されたため，ブルゴーニュワインを代表すると考えられたのである。

ところで，ブルゴーニュの地理的範囲について付言すれば，15世紀初頭までにはセーヌの支流ヨンヌ川中流にあるサンスが，フランス王領とブルゴーニュ公国の境界とされるようになった。それまで，ブルゴーニュ産のワインは，既述のとおり「ボーヌワイン」と呼ばれ，「ブルゴーニュ」の名を冠するワインとしてのアイデンティティは確立していなかったが，15世紀以降はボーヌも含むブルゴーニュという地理的枠組がワイン呼称にとって意味をもってくる[57]。同時に，ブルゴーニュ公国の境界が確定する15世紀には，オセールやシャブリなどのヨンヌ川下流方面の低地ブルゴーニュと上流方面の高地ブルゴーニュ（ボーヌやディジョンのある現コート＝ドール Côte-d'Or 県を中心とする地域）とが区別されることが多くなっていった[58]。

くわえて，この時期のブルゴーニュ公国はフランドル，アルトワ，ブラバントなど都市の発達した北方諸地域を支配下におさめ，そこでの大きなワイン需要がブルゴーニュ産ワインの発展を後押しする役割をはたした。なかでも，ボーヌ産，マコン（Mâcon）産，トゥルニュス（Tournus）産，ディジョン産が高い評価をうけるようになっていった[59]。ボルドー産ワインがイングランドや北欧の市場との深い関係によって繁栄したのに対して，ブルゴーニュはボーヌ，マコンなどのワインを中心に，フランス王家をはじめとする王侯貴族と密接な関係を保ちつつ栄えることになった。それには，ブルゴーニュワインが高い質を誇っていたという理由もさることながら，比較的にパリなどの政治都市から近距離にあり，河川航行によってアクセスしやすかったという事情も大きい。

政策面でいえば，フィリップ豪胆公（Philippe le Hardi, 在位 1364-1404）からシャルル突進公（Charles le Téméraire, 在位 1467-1477）にいたる歴代ブルゴーニュ公は，シトー派，ベネディクト派の修道院に対して寛容で，ワインづくりを保護し，品質向上に熱心にとりくんだ。その一環として1395年には「わが善良な街ボーヌ，ディジョン，シャロンおよび周辺のブルジョワをはじめとする住民の訴え」にもとづきガメ（gamay）禁止令がだされ，ピノ・ノワール（pinot noir）やシャルドネ（chardonnay）の栽培が推奨された。その理由は，「この葡萄［ガメ］からは大量のワインができるが…そのワインは耐えがたい苦味のゆえに人に著しい害をなす」からであるとされた［(Garrier（1995）: 60-63；ガリエ (2004) : 54-56］。この政策によって主要な栽培地域から駆逐されたガメは，かろうじてブルゴーニュ南部のボジョレ地区で栽培されるにすぎなくなった。また，フィリップ善良公(Philippe le Bon, 在位1419-1467）によるものとして，慈善施療院オスピス・ド・ボーヌ（Hospice de Beaune）創設が有名であるが，この施設も広大な葡萄畑を所有しており，上質なワインを産していたことでも知られる。

コラム4　Beaujolais nouveau

ボジョレという地名を聞けば，多くの人が一度は耳にしたことがあると思われる「ボジョレ・ヌヴォ Beaujolais nouveau」と呼ばれる新酒が有名である。20世紀にはいって，ワイン法が整備されていくと，新酒として出荷できる時期が法的に規制されるようになった。「ボジョレ・ヌヴォ」のばあい，11月の第3木曜日が解禁日となっている。

図18　オスピス・ド・ボーヌ（筆者撮影）

［5］中世の終焉，近世のはじまり

■「アンジュ帝国」下のアキテーヌ公国

1152年，アキテーヌ公妃アリエノール（Aliénor）とアンジュ伯家出身のノルマンディ公アンリ（アンリ＝プランタジュネ Henri Plantagenêt）が結婚し，その結果，アキテーヌ公国はアンジュ伯家の支配下にはいることとなった。1154年には，アンリがイングランド王ヘンリ2世（Henry II，在位1154-1189）として即位した。ノルマン征服（1066年）以後のイングランド王位は，ノルマンディ公が兼ねることになったが，そのノルマンディ公位はアンジュー伯家の手中におさまることにもなっていた。つまり，アンジュ伯家の支配下にあるアキテーヌ公国は，みかたをかえればイングランド王の支配下にあるという形にもなったのである。

図19　カスティヨンの戦い（1453年）
〔出典：Wikisource〕

こうしてできあがったアンジュ伯家の支配域は「アンジュ帝国」とも呼ばれ，フランス王国の西方に位置する大部分の地域におよんだ。ここに，フランス王国との対立関係がくわわり，複雑な国際関係が成立することとなった。ワインの積出港であるボルドーを擁するアキテーヌ公国や，それとかさなる形でスペインとの国境まで広がり，穀物市場として重要な役割をはたしていたガスコーニュ地方などをめぐる英仏の争奪戦は，このような状況下で展開されるのであり，いいかえればそれはフランス王とその臣下であるアンジュ伯家の対立にほかならない［佐藤 賢（2003）；河原（1996）；増田（1967）］。結果的に，追いつめられたイングランド軍は，ボルドー近郊カスティヨンにおいてフランス王国軍によって撃退され，以後ボルドーはフランス王の支配するところとなった。このようにして，大陸のアンジュ伯領は，英仏百年戦争（1339-1453）をへて，その大部分がフランス王の支配下にはいることとなったのである。

■中世の秋[60] ――ブルゴーニュ公国の盛衰――

ブルゴーニュ公国は，アキテーヌ公国と同様に，シャルルマーニュの帝国が分裂したのちにできた多くの領邦のひとつである。10世紀初頭にオタン伯リシャール（Richard，在位877-921）のとき領邦として成立し，同時に「ブルゴーニュ公国（公領）」との呼称もあらわれた，とするのが多くの研究者の見解である[61]。公国は，フランス王のカペー家傍系のものとなったのち，1363年になると同じくフランス王家であるヴァロワ家の傍系フィリップ豪胆公に支配権がうつった。これ以後，フィリップ善良公などをへて，最後の領邦君主であるシャルル突進公にいたるまで，ブルゴーニュ公国はフランス王国とは一線を画す独立国家として栄えることになる。

英仏百年戦争の期間をつうじて，イングランド王国と結んだブルゴーニュ公国は，官僚制と軍事力の整備・強化をすすめていたフランス王国と衝突した。「ヨーロッパ最大の公」とまでいわれた最後のブルゴーニュ公シャルル突進公は，フランス王ルイ11世（Louis XI, 在位1461-1483）に国際政治の場において孤立させられ，ついには1477年に敗死した。ナンシー付近で発見された遺骸は，顔を砕かれ，裸体のまま，氷まじりの泥水のなかに冷たく横たわっていたという［井上（1968）: 154］。

■フランス王国の強大化

アキテーヌ公国は，1453年までにフランス王の支配下にはいり，ボルドーはひきつづき都市自治を認められた。ブルゴーニュ公国もまた，1477年にシャルル突進公が敗北してフランス王国に併合され，15世紀から16世紀にかけてディジョンをはじめとする諸都市に都市自治が認められた。フランス王ルイ11世は，このほかにもアルトワ，アンジュ，プロヴァンスなどの諸侯領を併合していき，フランス王国による支配を拡大した。フランソワ1世（François Ier, 在位1515-1583）時代には，ブルターニュ公領も併合され，現在にみるようなフランス領の外観がほぼできあがった。

フランス王権の支配にとって，その出先機関ともいえる高等法院（Parlement）は重要な役割をになうことになった。王権の支配下にはいった諸地域には高等法院がつぎつぎと設置され，1462年にはボルドーに，1477年にはディジョンに設置されるなどした[62]。他方，フランス語の使用が強化されるなどし（1539年のヴィレル＝コトレ王令が代表的），フランス王権による支配がすすめられた。しかし，依然として地方の独立性・

自律性は根強く残存し，17 世紀中葉に勃発したフロンドの乱（1648-1653）にみられるように，フランス王権の支配には限界があった。上からの強力な国家統一が断行されるには，フランス革命を待たねばならない。

【註】

50 中世の有力諸侯による群雄割拠（領邦など）については，高山博（1997）: 293-325 が参考になる。

51 このディオンの翻訳として，ディオン（2001）がある。

52 インノケンティウス 3 世は，1215 年の第 4 ラテラノ公会議において，すべての信徒が年に一回はそれぞれの教区司祭に罪を告白し，聖体拝領をうけることを定めるなどして，一般信徒との関係を強化することにつとめた。

53 これらの銘柄は，現在ではすでに高品質のワインとはみされていない。このことは何を意味するのだろうか。ちなみに，気候，地理的条件などの自然的環境は現代とあまり変わらないとしよう。ディオン（1997）: 23 ; Dion（1959）; ディオン（2001）.

54 中世ボルドーの葡萄畑の存在形態，葡萄栽培，ワイン商業の諸問題にアプローチする研究としては，Lavaud（2003）を参照。

55 このときボルドー側の宣言には，«Nous sommes, quant à nous, résolus à résister aux ennemis du roi d'Angleterre et à lui garder notre fidélité» と述べるなどしてイングランド王に忠誠を誓う旨が盛りこまれた。

56 ブルボン家に属した所領であるボジュ（baronnie de Beaujeu）は，紆余曲折ののち 1626 年にオルレアン家の手にわたり，ボジョレ伯領となる。1830 年の七月革命によりフランス王位についたルイ = フィリップの弟ルイ・シャルル・ドルレアン（1779-1808）が，最後のボジョレ伯爵である。

57 1416 年の治安王令（ordonnance de police）により，サンス橋が境界とされた。

58 ちなみに，ラシヴェールはアペラシオン（AOC）の起源を，これをはるかにさかのぼる 12 世紀後半にあるとする斬新な説を提示する。具体的にはアペラシオンの起源を 1175 年とするのだが，その根拠は明示されていない。Lachiver（1988）: 62.

59 15 世紀以降，北仏諸地域ではピノ・ノワールの人気が高まったためにブルゴーニュ産ワインの需要が増大した，という側面もあるようである。

60 ホイジンガ『中世の秋』。筆者は，大学時代にお世話になったゼミ教官の「傑作だから，ぜひ読みたまえ」との教えにしたがい本書を手にとった。先生が「これを凌駕するブルゴーニュ公国史の歴史叙述はない」とも力説なさっていたことを思いだす。

61 シャルルマーニュの帝国が分裂したあとの経緯は，高山博（1997）: 291-325 が明快に整理しており参考になる。なお同論文は，領邦ブルゴーニュ公国をふくめた「領邦」概念の検討にもとりくむ。宮廷文化については，二宮（1999）が参考になる。

62 司法・行政官僚をになったのは，主に下級貴族や市民を出自とする，レジストと呼ばれる法曹家たちである。フランス王権による集権化の理論的支柱となったのは，当時において復興しつつあったローマ法学であり，フランス王の権力強化とともに，ローマ法を習得してレジストになるという出世の道が下級貴族・市民に開かれたわけである。「すべての裁判権は王に発す」，「王は法に優越する」などの理論的キャッチフレーズは，彼らレジストが考えだしたものである。ちなみに，王位継承の男系親相続の原則が確立するのもこのころであり，カペー朝の直系が断絶すると，この原則にのっとっててヴァロワ朝（1328-1589）が開かれた。この王位継承問題のごじれが英仏百年戦争の発端となるのは，周知のとおりである。

【補足資料】

＊＊ ちょっとひと息 ＊＊＊＊

●現代キリスト教にみるワイン

学生TD　プロテスタント教会に通う者です（未洗礼ですが）。聞いたところでは，「ワイン＝イエスの血」ということを，プロテスタントは象徴的にとらえ，カトリックは文字どおりにとらえる，のだそうです。

教員　へえ～，そうなんですかぁ～。勉強になります φ(..)

学生TD　あと，今の日本のキリスト教界では，未洗礼者にも聖餐のときにワインを飲むことを許可するかどうかという論争がホットになっているそうです。ちなみに，ぼくの通う教会では，聖餐は洗礼者のみ葡萄ジュースで代用します。

教員　なんと葡萄ジュースですかい…。それでは，授業でお話ししたアルコール発酵の神秘云々のくだりが儀式から省かれ，まさに形だけの儀式になっているようにも思えますが…。はたして，その真意は何なのでしょうね。学問的に興味のわく問題ですな。

学生NK　正教会では，聖体礼儀のときに赤ワインがでます。イスス・ハリストスが石と水をパンとワインにかえたのが由来です。ワインがギリシアに伝播されていなかったら，この習慣もなかったのかなと思うと，ちょっぴり感慨深いです♪

教員　おお～，それこそ歴史的思考というやつです！思考訓練として，歴史のIFを考えてみるのは大いにけっこうなことです (^.^)

学生（医・楯山）　赤ワインはキリストの血，ならば白ワインはキリストの何でしょう？気になって夜も眠れません。

教員　コラムにも書きましたが，「ワイン＝イエスの血」です。色の問題ではなくて，「ワイン」だということが重要なのです。アルコール発酵じたい，人間に対する神様からの恩寵なのです。ありがたいのです。これで眠れますように…。

学生（経・村川美希）　ミサのワインについて調べたところ，白ワインと水の二つの水差しがあり，その二つをグラスにいれて飲んでいるそうです。

教員　おっ，敬虔なクリスチャン（ではないようだが），その教会のミサは白ワイン使用ということですな？貴重な事例で勉強になりました。

●"in vino veritas"

学生TH　ぼくはイタリア語を履修しているのですが，今やっているのがイタリア語で飲みものを注文するというところです。

教員　本学で伊語なんて開講されてたのですねえ～。初耳だったりします… (;^_^A

学生TH　伊語のF先生は，西欧美術の先生なのですが，絵画からワイン文化やワインがどう芸術のなかで作用しているのかを知るのが楽しい，と言っていました。自分で調べてみようと思います。

教員　ワインを切り口に，さまざまなテーマ系に発展しているというよい事例ですね。興味のわくご研究です。

学生TH　ところで，イタリアのことわざに，「ワインのなかに真実がある」という言葉があるそうで，お酒を飲めば心を開いて話ができるという意味で，とてもイタリア人らしいなと思いました♪

教員　似たようなことわざは，ワイン大国フランスにもありそうなものですが，どうなんでしょうね。

学生TH　ラテン語で“in vino veritas”というらしいです。イタリア人は，ラテン語のまま言うそうです。

教員　なるほど，それはおそらく古代ローマ帝国からの流れですな？ならば，ヨーロッパ中に似たようなことわざがあるはずです。機会があれば，ちょいと探してみましょう。よい自由レポートのテーマになりそうですな～。

●ある学生によるシリアスかつ根源的な問い

学生MS　歴史を学んでいくうえでの楽しみや，やりがいとは，どのようなものなのでしょうか。参考までに，先生の意見をお聞きしたいです。

教員　（ひえ～。すごいことになってきたぞ…）単純そうにみえて，実のところ非常に奥の深い質問です。ここで一気に開陳するのも苦役に匹敵しますから，深い部分に関連する回答は，今後の本コーナーの歴史学にかかわる記述で少しずつ答えていくとしましょう（でないとしても，察してください…）。さしあたり，ここでは歴史学という学問の道にすすもうとしたときの個人的動機についてお話しして，「楽しみ，やりがい」に関する回答としましょう。

高校時代は，最初から歴史学をどうしてもやりたいとは考えておらず，せいぜい外国語をつかってとりくむ専門分野がいいな，というくらいにしか思っていなかったと記憶しています（ちなみに，高校のときは医学部をめざしたことも）。英語は得意でしたし，成績もずっとよかったものですから，漠然と英語をつかって何かしたい…と。

もちろん歴史学もやってみたいという気持ちが，まったくなかったわけではありませんが，講義中にも話したように，中学・高校の歴史科目がすごくおもしろいと思ったことはなかったのです。だから，歴史は好きなうちではあるけれど，歴史学となるとどうなんだろう…と感じていたのです。

大学入学してフランス語を履修し，「クソ勉強」（後述）してフランス語ができるようになってくると，英語よりもしっくりくるものを感じだしました。英語のほうは，授業がつまらなかったというのも大きかったのですが（大学時代の先生がた，すみません…），急速に興味をなくしていきました。同時期にラテン語も勉強しましたが，これは苦痛しか感じなかった（笑）。この時点で，フランス語か英語あたりを駆使できる専門を選ぼうという考えが固まってきます。

いよいよ専門課程に進学する段になり，英語学と西洋史学が有力な選択肢になりました。とくに西洋史学は，テーマに応じたヨーロッパ語が必須ですから，願ったりかなったりでした。歴史学というものに少しは興味がでてきたころだったので，東洋史学も選択肢にありました。文学には興味がなかったため，英文学や仏文学に進もうという気はこれっぽっちもおきませんでしたねえ。

次に，これらの学問をできる研究室を選ばねばなりません。それで，進路希望としては「①英語英文学研究室　②西洋史学研究室　③東洋史学研究室」と書いて，教務係に提出したわけです。幸か不幸か，当時の英語英文学研究室は人気がすごくて，同学年の成績トップ集団が進学するところでした。そんなわけで，ぼくは西洋史学へと進学することになったのです。めでたし，めでたし。

いざ西洋史学研究室に進学し，高校までの歴史科目とはまったく違うことに気づくまでに，さほど時間はかかりませんでした。まずは，一次史料を厳密に着実に解読する作業が基礎にあります。このあたりは，理系の研究者が実験室にこもって日々実験をくりかえすのとかわらない。いわゆる基礎研究というやつですね。その蓄積の先に，通説の欠点をみつけたり，論文執筆があるわけですね。こういった地道な作業が，ぼくの性にあっていたというのは幸運でした。

以上のように，最初の入口は，おもしろいとか興味をそそられるとか，そういった素朴な動機が大きい。歴史学の学問的意義とか，社会的意義とかいった，より根源的な大きな問題について考えるようになるのは，もっともっとあとになってからのことです。そういう大きな問題を考える過程で，いろんな本を読んだわけですが，そのなかの一冊が授業で紹介した（あるいは紹介する可能性のある…）阿部謹也『自分のなかに歴史をよむ』だったというわけです。

●クソ勉強の十箇条Festina lente！

教員　それではここで気をとりなおし，クソ勉強について補足しておきます。これさえ習得すれば，世界史未履修なんてなんのその，です。既述の関口存男先生は，十箇条からなる「語学上達の秘訣」を提唱したのですが，クソ勉強は歴史学に関しても適用できます。第一条は「慣れること」です。

学生X　なるほどごもっともです。

教員　第二条「慣れること」。第三条「慣れること」。

学生X　むむむ？ま，まあ，第三条くらいまでは同じことを念押ししようという腹ですかい？

教員　第四条〜第十条「慣れること」，以上です。

学生X　がくっ。要するに，慣れろという一言に尽きるじゃないですか〜。

教員　いやいや，これは奥深い十箇条なのですよ。まず慣れる，次に慣れる，それからまた慣れる，さらにまた慣れる，以下同様です。慣れろという一言で片づけては，関口先生のありがた〜いお言葉が台なしです。「好きこそものの上手なれ」とはよく言いますが，それは結局，好きだから知らず知らずのうちに繰りかえし同じことをやっていて，慣れているという状態です。しかし，意識的に慣れるということを徹底すれば，「嫌いでもものの上手なれ」ということになるわけです。わかりますかな？

学生X　うーん，なんだかわかったようなわからないような。うまく言いくるめられているような。

教員　（ぎくっ）そ，そんなことはありません！昔から，急がば回れ（Festina lente 直訳「ゆっくり急げ」），とも言うではないですか。さあ，はりきって十箇条を実践してくださ〜い（＾＾）

学生X　は，はぁ…ユウウツ（´へ`;）

教員　しかしみなさん，担当教員の研究を妨害すべく，宿題や予習などを積極的に提出していますし，こんなところまで読んでいるきみは称賛に値します。

●フランス語の発音に憧れる日本人？

学生NM　最近フランス語に触れていて思うのですが，ワインの高級イメージはフランス語の流麗な響きも影響しているのではないでしょうか。「ボジョレ・ヴィラージュ・ヌヴォ」なんていわれたら，横文字をカッコイイと思っている日本人は，ノックアウトされてしまうと思います。

教員　なるほど，そうかもしれませんなー。仏語にかぎらず，欧米に対するコンプレックスにかけては世界トップクラスの日本人ですからねえ〜。そのわりに，語学学習を中途半端にしかやらなくて，変な和製欧米語や変な読みかたの表記を氾濫させたりしちゃうわけですよ。「シャンパン」みたいに。

●フランス語の読みかたについて

教員　フランス語を学習したことがない人は，少しずつでもフランス語の読みかたがわかってきたでしょうか？

学生　いやぁ〜，なかなか難しいですねぇ〜。

教員　まだまだクソ勉強の精神が足りませんなぁ（笑）

学生　それは否定しません（キッパリ）。

教員　それはそれは。なんとまあ，教えがいのある学生さんですこと。

学生　恐縮です（^^ゞ

教員　フランス語の読み方の基本は，授業で述べる範囲の知識で6〜7割がた身につくといってよいでしょう。

学生　そんなもんですかねぇ〜。

教員　そんなもんですよ〜。もし6〜7割がたさえも読めないとすれば，よほどフランス語との相性が悪いのでは（笑）まあ，それはともかく，語学は地道にやった者勝ちです。ついでながら，いずれ読みかたの宿題をだしますから，授業でやった基本的な語彙について読めるようにしておいてくださいませね。

■■しがない歴史教師のひとりごと
　　読書の意義

休日に本棚を整理していたら，学生時代に読んだ増田四郎『大学でいかに学ぶか』（講談社現代新書1966）を発見した。『西欧市民意識の形成』（1949）や『西洋中世世界の成立』（1950）などを著し，わが国の西洋史学界をリードし，日本の西洋史研究水準を大きくひきあげた大家のひとりだ。

パラパラっとめくっていたら，いつ

しか本格的に再読していた。すると，前に読んだときには気づかなかったことが，今は興味深く感じる。あっというまに読破してしまった。ここに書かれていることは，大学教員がすべて感じていることなのだ…と今さらながらに気づいた。学生時代に読んで，そんなことに気づくはずないわけだ。

増田氏はこう書いている。

> 大学へはいったうれしさだけで，あとはただただ単位をとることに追われ，専門のテーマをもたないのはもちろんのこと，広い意味での教養さえ身につけることもなく，毎日を遊んですごす。いちばん困った存在です。

自分の学生時代を回顧すると耳が痛くなる。

さらに，こうつづく。

> 大学では，高校までのように，でき上がった知識を身につける，あるいは丸暗記するだけではふじゅうぶんなのです。それよりもむしろ，講義に触発されて，それぞれに自分で考える力を養うことが，勉強の主眼になっているからです。…講義されていることは，思考の一例が述べられているにすぎないのですから，学生であるあなたがたは，たとえ教師の説とちがっていても自分で勉強して，自力でエンジンのかかった研究をする糸口を，自分でさがさねばなりません。…もうおわかりでしょうが，ノートを丸写しにしたような答案を書いて，試験はうまくいったなどと思ったら，それはまちがいです。

このことは，本講義にも，また他のおおかたの講義にもあてはまる。

他の人が同じことを言っても，これだけの存在感あふれる意味になったかどうか。ひとことでいえば，言葉の重みがちがう。それは，長いあいだ苦労して到達した人生の先輩の言葉だ。その言葉には，何十年もの試行錯誤や挫折などの経験がつまっている。だからこそ，若輩者の自分に圧倒的な重みをもってせまってくる。それとともに，今も昔も，単位に追われる学生は多いということもわかる。「今の大学生は…」なんて言えたものではないのである。

つくづく，読書っていいもんだ，とこの年になって思う。今は直接会って話を聞くこともできない人の考えに，本をつうじて接することができるんだから。なんという贅沢。大学時代にこのような境地にいたっていたら，今ごろはもっとましな研究者になれていたかもしれない。

たとえデジタル時代がもっと進歩したとしても，紙媒体による読書が衰退することはないだろう。新しい本を入手すると，まず独特の匂いを楽しむ。ペンを片手に読みながら，気づいたところにちょっとメモしたり，紙面を折り曲げたり。再読するときは，けっこう古くなった本ならではの匂いがして，それもまた楽しみつつ読んでいく。その本には，最初に読んだときのメモや折り曲げがついて，過去の自分と対峙しながら読書することになる。かつて読んだ本を再読すると，新たな発見がある。そのとき，自分の成長を実感することができる。若いみなさんは，読書をおっくうがらずにやっていれば，今後そのような体験をする局面に何度も遭遇することになるだろう。その積み重ねのなかで，自己の人生がいかなる意義をもつのかについて，より自覚的に考察することになるだろう。

そういえば，ちょうど先ごろ読み終わったマーケティング，国際経営研究者の林周二『研究者という職業』（東京図書　2004年）も同じように，「人間形成に欠くことのできない教養的知識が身につく点では，しかし書物に若くものはない」と書いてある。どれだけインターネットが発達しても，「読書スピードで読む内容がちょうど頭に残るよさがある」と。まったく同感。

人生は長いようで短い。今日は元気でも，交通事故にでもあって明日死ぬかもしれない。急な大病を患うかもしれない。人生はそういう不安定性をもっている。時は金なり。箸のもちかたや鉛筆のもちかたと同じく，読書の習慣も若いうちに身につけておいたほうがよい。そして，いい本は時間をおいて何度も読みかえすほうがよい。「読書百遍意自ずから通ず」である。

ボルドーの内陸産地のひとつ Bergerac の町

近世から近代へ
― ボルドーとブルゴーニュの台頭 ―

【本章の概観】

この時代には,「諸国家体系」が鮮明になるともいわれ，現在の国民国家につらなるヨーロッパのありかたが少しずつはっきりとした姿をあらわすようになる。これにともなって，とりわけ中央集権化が典型的にすすんだといわれるフランスでは，ワインづくりについても中央政府の政策が従来よりも大きな影響をおよぼすようになっていった。他方，良質ワインの生産もますますすすめられるようになり，ボルドーとブルゴーニュをはじめとする産地の，いわゆる高級ワインがヨーロッパ中の上流階層を中心に好んで飲まれるようにもなっていき，これと民衆層のワインとのあいだにワイン文化の二極化ともいいうる現象が鮮明になっていく。

平民身分であるブルジョワ（有産市民）がますます力をつけ，社会的に上昇していくとともに，葡萄畑を所有するようになっていくのもこの時代である。こうした歴史展開の途上に，政治と社会を大きく揺さぶることになるフランス革命が位置する。従来の身分制社会は維持できなくなっていき，そのなかでブルジョワ層が成長するなどして，アンシャン・レジーム社会は徐々に変容していたのである。

本章より，現代ヨーロッパワイン文化の形が，これまでみてきたどの時代よりも，ますます鮮明に観察されることになるだろう。これまでに習得してきた「ワイン知」を総動員してワイン文化の歴史的ダイナミズムを理解しよう。

Ⅳ　近世から近代へ
—ボルドーとブルゴーニュの台頭—

［1］ワイン文化の二極化

17 世紀にはいると，イングランドにくわえてアイルランドやオランダなどの海外市場も比重を増していく。後述するポンタクの事例が雄弁に物語るように，「グラン・クリュ grand cru」の登場にはイングランドをはじめとする海外市場の存在が不可欠であったと考えられる。また同時に，フランスではワイン文化の社会的二極化も進展していき，それにつれて高級ワインたるグランクリュも確固たる地位を築きはじめる。本章では，このあたりの事情を具体的にみていこう。

■栽培地域の淘汰

中世をつうじて，北仏の葡萄畑は減少傾向にあったと考えられている。これと反比例するようにして，北仏の主力アルコール飲料はシードル，ビールに移行していったというわけである。これには，どのような事情が関係していたのだろうか。そのひとつの要因として，ワイン産地間の競争により，需要の大きいものが生きのこったと考えることができる。じじつ北仏のような寒冷地域では，とくに黒葡萄の栽培が困難で，より豊潤な赤ワインに対する需要が消費者のなかで大きくなるにつれて，温暖地域には太刀打ちができなくなっていった。これは，葡萄栽培の不安定な地域で無理をしてワインを生産するよりも，葡萄栽培に適した地域で高品質のワインをつくるほうが好まれるようになった，ということでもあろう。

このような過程をつうじて，競争相手が退場すればするほど，ボルドーとブルゴーニュの地位も相対的に上昇することになる。換言すれば，ワインの質を重視する生産地域が，ワイン市場での競争に勝ちぬいていったといえよう。とはいえ，ボルドーとブルゴーニュだけにかぎってみても，そのすべてのワインが同質で横並びということはありえない。すでに前章でみたように，アルジャントゥイユの事例はワインづくり（葡萄栽培と醸造）において人為的な営為が不可欠であることを教えてくれた。このことをふまえれば，土壌や気候，ワインづくりに対する生産者側の姿勢などによって，生みだされるワインの質にもさまざまなバリエーションが生じることになる。

他方，良質ワインと競争できないような並級ワインは，蒸溜されることが多くなっていった（こうしてできた蒸留酒を「オ・ド・ヴィ eau de vie」という）。この要因としては，蒸溜設備がととのえられていったこと，ワインよりも税制上の利点があったこと，などがまず考えられる。しかしそれ以上に，主として蒸留酒取引をになったのが，当時のヨーロッパ商業の主軸をなしていたオランダ商人だったということは銘記すべきだろう。低アルコール度数のワインは長距離輸送に不適であり，凡庸なワインであればあるほど遠方への輸出が難しかった［Dion (1959) : 425-］。しかし，このようなワインでも蒸溜により，アルコール度数の強化はもちろんのこと，蒸溜前にくらべてワインの量を５分の１から６分の１ほどまで大幅に縮減することができ，長距離輸送が相対的に容易になったわけである。

オ・ド・ヴィは，すでに中世には存在し，薬として重宝されていたが，その生産量は微少だった。その生産が飛躍的に増大するのは，蒸溜技術が向上する17世紀以降のことである。蒸溜の結果できあがったオ・ド・ヴィの活用法としては，たとえば凡庸な収穫からつくられたワインに添加してアルコール度数を高めるとともに，品質を向上させるといった試みもしばしばおこなわれた（酒精強化）。

■エリートと民衆

18世紀になると，民衆層でのワイン需要が急増したことが注目される。その主要因は，1720年以降の人口増加であり，1720から1790年のあいだにフランスの人口は2,200万から2,800万へと増えた。くわえて，ワインが不衛生な水にかわる健全な飲料として普及し，ワイン消費の拡大につながったとする説もある。こうしてワイン需要がのびるなか，同時期には葡萄畑が急増した。というのも，穀物栽培よりも葡萄栽培のほうが大きな収入を手にいれることを可能にしたからである。農民の生活に関するある試算では，葡萄畑ならば2ヘクタールで家族を養えるのに対し，穀物畑のばあいは10ヘクタールでも生活が苦しかったという。

以上の動向と並行して，エリート層（上流社会）では「グラン・クリュ」のワインが好んで飲まれるようになり，なかでも長期熟成用のワインには瓶が使用されるようになった。逆に，都市人口が増えるにつれて，都市の民衆層（社会下層）もまた増大していったが，そうした社会層においては質より量を求める傾向が強く，より安価なワインがますます求められるようになった。

王権や地方の統治者は，葡萄畑の急増という事態に対してワインの生産過剰と値崩れを恐れ，新しい葡萄畑の開墾を禁止する措置をたびたび講じた。しかし，たとえば新たな葡萄畑の開墾を禁止する1731年王令や，それと軌を一にする地方レベルでのさまざまな施策が成功することはなかったようである[63]。とりわけ1720年代から30年代にかけてフランス全国で実施された措置に対しては，葡萄栽培者から大きな不満が噴出した[64]。そのような不満分子のひとりに，有名なモンテスキューがいる。

■貴族と葡萄畑所有 ――モンテスキューの事例――

モンテスキューは，1689年にボルドー郊外ラ・ブレッド村（La Brède）に所領をもつ貴族の家に生まれ，1714年にボルドー高等法院評定官，1716年にその院長になった。各地方に設置された高等法院は，おのおのの地域の慣習法を尊重しつつ裁判を担当したため，王権に対して地方の立場を代弁する傾向が強かった。彼もまたそのような環境で育ち，ジョン・

図20　モンテスキュー（1689-1755）

ロックに影響をうけつつ，1748年に『法の精神*De l'esprit des lois*』を著した。彼は，イギリスの立憲政治にならった権力分立論を主張し，社会の慣習（習俗）と法の深い関係を説くことによって，地方権力の自立性を重視したのである。この主張が中央政府や中央集権化への抵抗理論となりうる考えかたであったことはいうまでもないが，モンテスキューの思想がボルドーという地域主義の強い政治風土のなかで育ったことは興味深い。

彼は，ラ・ブレッドのほかにもボルドー地方のグラーヴ地区（Graves）とアントル＝ドゥ＝メール地区（Entre-Deux-Mers）に広大な葡萄畑を所有していたが，既述のとおり，葡萄栽培を制限する国王政府の政策に対して公然と反旗を翻した。たとえば，1725年に彼はオ＝ブリオン近郊にあるペサク村（Pessac）のとある畑を数十ヘクタール購入し，政府当局（地方長官）に葡萄植樹の許可を申請したものの却下された。すぐさま彼は，その上司にあたる財務総監にあてて，抑圧的なワイン政策が正義に欠けるとする抗議書を送付した。ボルドーの葡萄畑所有者には彼に同調する声が非常に多く，同様の抗議が王国全土からもまきおこった。その結果，1759年にいたって，ついに国王政府は譲歩を余儀なくされるにいたった[65]。モンテスキューの他界から4年後のことであった。

図21　モンテスキューの旧城館（ラ・ブレッド）にて。最下段は筆者。

［2］宮廷文化とワイン

■宮廷文化の発展

フランス王権が強化されるにつれて，フランス王をはじめとする王侯貴族の宮廷生活もまた華やかになっていった。宮廷での食事会では，大規模なものになると100種類以上の料理がふるまわれたので，料理の合間に飲まれるワインは，それぞれの料理の味にあうものがますます求められるようになった。

アブリクの研究によれば，1780年代のオルレアン公のカーヴでは，ブルゴーニュの15%に対してボルドーが39%を占めていた。フランス王はどうかというと，全体に占める割合は不明だが，1783年のヴェルサイユ宮殿には，Chambertin 285本，Richebourg 200本，Clos-de-Vougeot 655本，Romanée-Saint-Vivant 195本，La Tâche 100本が貯蔵されていたという[66]。ルイ15世の侍医ファゴンは，健康維持のため王にブルゴーニュワインを推奨した[67]。例をあげればきりがないが，フランス王権を中心とする支配層の食卓において，ブルゴーニュ産ワインが優勢であったことは否定できない。なお，17世紀のある金融業者（「フィナンシエ」と呼ばれた財務取扱人）のカーヴに貯蔵されていたワインの産地は，シャンパーニュが17%，ブルゴーニュが16%を占め，ボルドーは1%にすぎなかった。

■貴族文化の社会的下降

前に言及した貴族化の現象においては，ただ単に平民が貴族になったというだけではない。貴族の生活様式を模倣するということは，上昇する平民が貴族文化をみずからのものとすることでもあり，ここに貴族文化の社会的下降が生ずる。この現象は，もちろんワインについてもあてはまる。

これと並行して，市民的土地所有の広がりも見逃せない。富裕化した市民層が土地への投資をすすめ，葡萄畑（シャトー，ドメーヌ等）を購入する事例も多くみられたのである。それは，ワイン生産によって財産を増やすというよりも，多くのばあい社会的威信のアイテムとして入手することを目的とした。つまりは，貴族社会にみられた現象が市民層のあいだでも模倣されたということにほかならない。取得した葡萄畑がグラン・クリュなどの上質ワインを産するのであれば，なおさらのことそれが社会的ステイタスとして，より大きな役割をになったことはいうまでもない。

■シャンパーニュの「泡もの」

ここで，ブルゴーニュワインの競争相手としてしばしばひきあいにだされるシャンパーニュ産ワインについて付言しておこう。

図 22　ドン・ペリニョンの立像

シャンパーニュ地方では，ドン・ペリニョン（Dom Pérignon, 1639-1715）によって瓶内二次発酵の技法が開発され，発泡酒の発明につながったとする説明が多くなされる。この説明を正当化するかのように，立像の背景にもこう書かれている（図 22）。

« Dom Pérignon, 1638-1715, Cellérier de l'abbaye d'Hautvillers dont le cloître et les grands vignobles sont la propriété de la maison Moët & Chandon »

つまり，ドン・ペリニョンが「オ＝ヴィリエ修道院の食糧・ワイン保管担当」であり，修道院所有の偉大な葡萄畑は現在モエ・テ・シャンドン社が所有している，というわけである。モエ・テ・シャンドン社は，いうまでもなく発泡性シャンパーニュを製造する世界有数の業者であり，その商品ブランドのひとつ「ドン・ペリニョン」はあまりにも有名である。ドン・ペリニョンがシャンパーニュの発泡性ワインを発明し

図23　『ル・プティ・ジュルナル』紙（1914年）による説明：「ドン・ペリニョンがシャンパーニュを200年前に発明した」とある。
〔Bibliothèque nationale de France所蔵〕

たという伝説が，どの時点でつくられたのかということを正確にいうことはできないが，19世紀をつうじて徐々に姿をあらわし，**図23**にみるように，遅くとも20世紀初頭までにはそれがまことしやかに語られるようになっていたことだけは確実である[68]。

しかし，これはワイン販売業者による宣伝活動の一環という域をでない[69]。この「ドン・ペリニョンの神話」はミュセらの研究によって批判され，すでに1660年代にはイギリスにおいて発泡性ワインが飲まれていたことが実証的に明らかにされている［Dion（1959）: 645-646；Musset（2008）: 58-88］[70]。

シャンパーニュ産ワインについては，ゴディノなる人物が「5月に瓶詰めすれば発泡性ワインが確実にできる」と1718年に書きのこしていることからすれば，この時点で瓶内二次発酵の技術が自覚的かつ計画的にもちいられて発泡性ワインがつくられていたとは考えにくく，むしろ泡の発生が偶然の産物だったと考えるほうが理にかなっている。ただし，ドン・ペリニョン自身が瓶詰めを3月におこなうことを推奨し，ワインの質の向上に心を砕き，葡萄栽培と醸造とにさまざまな工夫を試みていたことだけは間違いないようである［Garrier（1995）: 153］。

いずれにせよ，先のゴディノが「20年来，フランス人は発泡性ワインを嗜好するようになった」と証言するところから考えれば，18世紀初頭にはすでにシャンパーニュ地方の発泡性ワインが普及しはじめていたことはたしかである[71]。18世紀以降，フランスの上流社会ではデザートとともに供されるなどして，シャンパーニュ産ワインに発泡性をほどこした酒が流行していったとみられ，コルク栓を音をたてて抜栓することにより目と耳で楽しむ演出もおこなわれるようになった。19世紀ともなると，こうした抜栓の儀式は，剣でコルク栓の固定具を切断して栓を空中に飛ばすことから，「剣をいれる sabrer」と表現されるようにもなった。ポンバドゥール夫人によれば，この発泡性ワインは女性が苦なく飲める唯一のワインだったというから，発泡性シャンパーニュ産ワインは，もはや男性の専有物ではなく女性も楽しむワインになっていたことがわかる[72]。

以上のような理由から，ブルゴーニュの葡萄栽培農民らは競争相手としてのシャンパーニュ産ワインに脅威を感じることになった。そのことは，18世紀初頭に出版されたサランの著書『シャンパーニュワインに対するブルゴーニュワインの防衛』というタイトルによく表現されている。この小冊子には，シャンパニュ産ワインに対するブルゴーニュ産ワインの良質性，優位性を切々と説く内容が書きつらねられている［Salins（1702)］。

✐コラム５　発泡性ワインの製法とその関連事項

発泡性ワインは，その製法によって数種類の異なるタイプにわかれる。

- 瓶内二次発酵：méthode traditionnelle または méthode classique
  シャンパーニュ方式ともいう。字義のとおり，瓶詰めしてから二回目のアルコール発酵をおこなう手法。シャンパーニュのほか，スペインのカヴァ（cava)，ドイツのフラッシェンゲールング（Flaschengärung）などが知られる。
- その他の製法として，
  - シャルマ方式（méthode Charmat)：大きなタンク内で第二次発酵をおこなう。イタリアのアスティ・スプマンテ（Asti spumante）が有名である。
  - メトード・リュラル（méthode rurale, méthode anscestrale)：発酵途中のワインを瓶詰めする。
  - 炭酸ガス注入方式（gazéifié, carbonated sparkling wine)：タンク中のワインに炭酸ガスを注入する。

発泡性ワインは，瓶内が炭酸ガスによって高圧になるため，それに耐えうる瓶と栓が不可欠となる。ただし，瓶とコルク栓の使用は一部の上流階層にとどまる。

- 瓶の製造：ボトル型は，ガラス製造技術に左右される。現在に近いものは，早くとも1620年ころから製造されるようになる。1645年以降，瓶底に上げ底がほどこされるようになり，1720年ころまでには丸みを帯びた瓶の製造が可能になった。
- コルクの使用：瓶の強度が必要となるため，1660年以降にしか普及しない。

［3］「グラン・クリュ grand cru」の誕生――質を追求する時代の到来――

■オランダ人とイギリス人の役割

通説的に，17世紀は「オランダの覇権」の時代といわれる。それは，17世紀にはいるとオランダが遠隔地貿易によって繁栄し，ヨーロッパ経済の中心となったからである。このような時代を反映して，ボルドーの港にもオランダ商人の姿が多くみられるようになり，ボルドーとオランダのあいだでワイン取引が盛んにおこなわれるようになった。

オランダ商人は，ワイン取引のための判断材料として，現地ボルドーのワイン関係者（jurats de Bordeaux）と協働してワインの評価をおこない，「1647年の相場表 taxation de 1647」（**表4**）と呼ばれるワインリストを作成した。

表4　1647年の相場表〔出典：Lachiver (1988) : 295)〕

クリュ（Crus）	トノあたりの価格（リーヴル・トゥルノワ）
Vins rouges de Palus	95-105
Vins blancs de Langon, Bommes, Sauternes	84-105
Vins blancs de Barsac, Preignac, Pujols et Fargues	84-100
Graves et Médoc (sans distinction de crus)	78-100
Vins blancs de St-Macaire, Sainte-Croix-du-Mont	72-90
Vins blancs de Rions et Cadillac	72-84
Côtes de Bordeaux	72-84
Blaye	66-78
Saint-Émilion	60-78
Vins blancs de l' Entre-Deux-Mers	60-75
Vins de la Dordogne, de l' Isle et de la Dronne (Guîtres, Coutras, Fronsac, Libourne)	56-66
Bourg	54-72
Vins blancs de Benauge	50-60

この相場表をみると，もっとも高値で取引されるワインとして「湿地帯の赤ワイン Vins rouges de Palus」なる聞き慣れない呼称がみえる。「パリュス palus」とは湿地を意味しており，したがって湿地帯のワインとは，ガロンヌ・ドルドーニュ両河の河岸からほど近い地域一帯に開かれた葡萄畑に由来する。両河にはさまれ，下流にむかって半島のように突きでている地域をアントル゠ドゥ゠メール（Entre-Deux-Mers）というが，この先端部（つまりボルドーの北方）に位置するモンフェラン（Montferrand）とケリー（Queyries）の両地域が，この時代には新興の産地として知られていた。

湿地帯のワインについで相場表に記載されるのは，その多くがソテルヌとその近辺の村々をはじめ，ガロンヌ・ドルドーニュ両河に沿って分布する各地域で産する白ワインである。オランダ商人たちは，船で航行可能な両河流域のワインを好んで仕入れ，ヨーロッパ各地へと運んでいったのである。

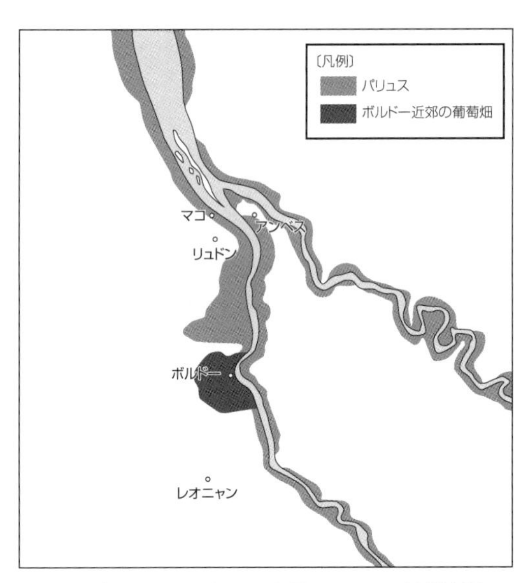

図 24　ガロンヌ・ドルドーニュ両河のパリュス（中世末期）
〔Lavaud（2003）: 38 より作製〕

現在ではトップクラスの銘醸地に数えられるグラーヴ地区は，いまだぬきんでた地位にはなく，サン＝テミリオンの名はずっと下のほうにしかみられない。19世紀に「リブルヌ地域のメドック」とも称されたポムロル（Pomerol）にいたっては，その姿さえみえない。

17世紀後半になると，オランダにかわりイギリスの時代がやってくる。17世紀後半以降，すなわちルイ14世の時代はあいつぐ戦争の時代となり，とりわけ英・蘭にとって，フランスからワインを輸入することが困難になった。そこで英・蘭の商人は，ワインの輸入先をスペインやポルトガルに変えざるをえなくなった。

しかしながら，密輸がおこなわれていたため，ボルドーをはじめとするフランスからの英・蘭へのワイン輸出がまったく途絶えたわけではない。ただし，密輸という非合法な行為である以上，公式の統計が残されているわけではなく，どのようなワインがどのくらい英・蘭などのヨーロッパ諸国に流れていったのかは明らかでない。少なくとも，品薄のために，とくにボルドー産ワイン価格が海外において上昇したことだけはたしかなようである。

■ «cru» という概念について

ここで，既述の「クリュ」をはじめとして，ワイン生産にかかわる若干の主要な用語法を確認しておこう。

まず，基本的語彙であるクリュ（cru）とは，もともと特定の気候と土壌を意味し，そこから派生して葡萄畑を意味したり，特定の気候・土壌のもとで収穫される葡萄からつくられるワインをさすようになった。この用語は，時代とともに意味する内容が重層化，拡大していき，ついにはワイン生産地をさす一般的な用語法になっていった[73]。ボルドーワインを好んで取引していたイギリス人はこの語の英訳に困ったらしく，«growth» という一見すると奇妙な訳語をあてた。

現代では類似語にシャトー（château）という語があるが，元来これはボルドー特有の用語である。シャトーはもともと「城，城館」を意味する語だが，ボルドーではかならずしもそれをさすわけではなく，葡萄畑とそこにあるワイン生産施設を総称した表現である。この「シャトー」を自称する生産者は，とりわけ19世紀後半以降にめだって増加することになる。シャトーと類似する用語として，ブルゴーニュではクリマ（climat）やドメーヌ（domaine）などの語がつかわれる。クリマはもともと気候を意味する語彙だが，しだいに葡萄畑を意味するようになっていったものであり，ドメーヌは領主の所有する土地（所領）をさす語であった。したがって，シャトーにせよクリマ等にせよ，クリュと似たような意味あいで使用されるようになっていったことになるが，厳密には上記のようにニュアンスの上で少なからぬ差異がある[74]。

■ 初期の「グラン・クリュ」――ボルドー地方 オ＝ブリオンの事例――

中世でボルドー地方第一の産地だったのは，主としてボルドー南方に位置するグラーヴ地区であったが，「グラン・クリュ」と呼ばれるワインは，この地区において17世紀半ばあたりから登場しはじめたとみられる。

具体例として，有名なポンタク家（Pontac）に即してみてみよう。ボルドー高等法院院長アルノ・ド・ポンタク（Arnaud de Pontac）は，グラーヴ地区にオ＝ブリオン（Haut-Brion）の葡萄畑を所有しており，この畑は1650年時点で38ヘクタールあった。オ＝ブリオンは，1663年ころから良質なワインとして知られるようになり，1666年にはロンドンに息子を派遣し，そこで自家製ワインを楽しむこと

図25 シャトー・オ＝ブリオンの畑と建物（現在）

のできるレストラン「シェ・ポンタク *Chez Pontac*」を開業した（1780年閉店）。店の常連客のなかには，『市民政府論』の著者ジョン・ロックもいた。ロックはこのワインがよほど気にいったらしく，1677年5月のフランス旅行ではポンタク家の葡萄畑を訪れたほどで，「ポンタクの葡萄畑とその生産物はイングランドで非常に高く評価されている」と記した。

■「グラン・クリュ」の台頭

18世紀にはいると，ボルドー産ワインの価格がめだって高騰しはじめる。その主な要因には，既述の戦争状態と民衆層にみるワイン消費拡大があることはいうまでもない。イギリスでは，それから18世紀にかけて市民層の勃興と産業革命とがみられ，ワイン需要がさらに増大する傾向にあった。その結果，ワインの世界にはある重要な進展がみられた。そこで次に，イギリスのワイン仲買人トムキンズによるワイン販売の宣伝広告にその進展を読みとってみよう［Lachiver (1988) : 299］。

・1709年1月31日付『ロンドン・ガゼット London Gazette』紙：
「最新ミレジムの，純粋さをもつ，シュル・リ sur lie 製法による，フランスのすぐれた新クラレット claret」を66バリック売りだす旨。

・1711年8月4日付同紙：
サウサンプトン（Southampton）で200バリックあまりの「最もすぐれたクリュから産出された，輝きのある，新鮮で澄んだ，深い酒躯 robe profonde をもつ，ボルドーの秀逸なる新フランス・クラレット」を販売する旨。

ここで，ワインの宣伝が「クリュ」と「ミレジム（収穫年）」という用語を駆使してなされていることがわかる。つまりこのことは，ワインの産地と葡萄の収穫年が，消費者にとってワイン購入の際に重要な判断基準になっていたことを示唆する。いいかえれば，ワイン販売側にとってワインの質という側面をいかに客に対して提示するかという戦略が不可欠になったことを，これらの宣伝広告から間接的にではあれ読みとることができるのである。

オ＝ブリオンの事例に典型的にあらわれているとおり，ボルドー産の上質ワインはとりわけイギリス上流社会に好まれうけいれられていった。とくに人気のクリュとして名前のあがったものの筆頭には，「ラフィット lafite」「ラトゥール latour」「マルゴ margaux」「オ＝ブリオン haut-brion」などがあり，これらは最初の「グラン・クリュ」ともいわれる。18世紀以降，イギリス商人はグラン・クリュを“topping growths”と呼んで別格あつかいしたが，ここにそれら4つのグラン・クリュが含まれていたことはまちがいない。

以上にみたグラン・クリュをはじめとして，ボルドー地方のどの地区のワインが高値で取引されていたのか, 18世紀中葉の資料を参照してみよう。**表5（1740年ころのワイン取引価格）**をみると，「1647年の相場表」と比較して一定の変動が明らかである（貨幣価値は1647年の約2分の1)。100年ほどのあいだに，高値で取引されるワインとして，上述のオ＝ブリオン（ポンタク）を含むグラーヴ地区，メドック地区が台頭し，そのかわり「湿地帯」のワインが表の3番目に下降し，白ワインが最下段に記載されるようになったことがわかる。端的にいえば，これは消費者の嗜好が変化したことをも示唆するものと考えられる。参考までに，同時期の輸出先の資料（**表6：ボルドーで積載されるワイン**）も掲載しておいたので，その特徴をつかんでみてほしい。

表5　1740年ころのワイン取引価格（単位：1トノあたりの価格リーヴル・トゥルノワ）

〔Lachiver（1988）: 301より作製〕

グラーヴ地区小教区ごとの相場（1740年ころ）

第1級クリュ		第2級クリュ		第3級クリュ	
Pessac	Pontac 1500~1800	Talence	300~400	Podensac	150
	al. 800～1200	Léognan		Virelade	
Mérignac	400~800	Gradignan	200~300	Portets	
		Caudéran		Castres	
		Bègles	200	Arbanais	
				Beautiran	
				Martillac	
				Ayguemortes	
				Ayran	
				Cadaujac	
				Le Bouscat	
				Canejan	
				Eysines	

メドック地区小教区ごとの相場（1740年ころ）

第1級クリュ		第2級クリュ		第3級クリュ
Pauillac	1500～1800	Soussan	600	120～150
Margaux		Labarde		
St-Mambert	800～1200	Agassac	400～500	
Cantenac		Arsac	400	
St-Seurin de Cadoume		Arsins		
St-Julien		Listrac	300～400	
		Moulis		
		St-Laurent		
		St-Estèphe		
		Le Pian		
		Macau		
		Ludon		
		Le Taillan		

パリュスワインの小教区ごとの相場（1740年ころ）

第1級クリュ		第2級クリュ
Queries	300～400	150～200
Monferrand	200～300	
Lassouis		
Ambès		

白ワインの小教区ごとの相場（1740年ころ）

第1級クリュ		第2級クリュ	
Barsac	300	vins appelés d'Entre-Deux-Mers	120~150
Preignac			
Langon			
Ste-Croix-du-Mont			
Sauternes			
Cérons			
Bommes			
Pujols			
Blanquefort			
Gradignan	250~300		
Podensac	150~200		

表６ ボルドーで積載されるワイン（単位：１トノあたりの価格リーヴル・トゥルノワ）

〔Lachiver（1988）：304より作製〕

輸出先	取引量（トノ）	取引総額（千リーヴル・トゥルノワ）
オランダ	7,000 白	840
	1,500 赤	420
	50 グラン・ヴァン	50
ハンブルク	5,000 白	750
	300 赤	82
	50 グラン・ヴァン	22
スウェーデン	800 白	128
	100 赤	45
リガ	300 白	90
ダンツィヒ	5,000 白	1,000
ケーニヒスベルク	500 白	75
デンマーク	3,000 白	450
	300 赤	90
ポメラニア	1,200 白	180
	200 赤	40
リューベック	3,000 白	300
	200 赤	40
ブレーメン	1,000 白	100
ペテルスブルク	600 白	72
	100 赤	20
スペイン	4,000 白	480
ロンドン	300 グラン・ヴァン	450
	700 グラン・ヴァン	560
スコットランド	2,500 グラン・ヴァン	1,500
アイルランド	4,000 グラン・ヴァン	1,600
アンティユ諸島など大西洋のフランス植民地	20,000	4,000
ブルターニュ	20,000 白・赤	4,000
ダンケルク、ブローニュ、ル・アーヴル、ルアン	6,000 白・赤	1,500

■ブルゴーニュ地方の事例

ボルドーと同様に，高評価の産地が時間をかけて少しずつ表舞台にあらわれていった。前章でみたように，すでに中世において，ボーヌやマコンなど町の名を冠して呼称されるワインが高い評価を獲得していたが，まだそれは町の周辺諸地域をも包括的に指示するごく大ざっぱな広域的呼称でしかなかった。

しかし，18 世紀にはいるころから状況がかわってきたようである。すでに紹介したサラン『シャンパーニュワインに対するブルゴーニュワインの防衛』の記述をみると，そこに上質ワインとして言及されたのは，ボーヌの赤ワインを筆頭に，白ワインではムルソ（Meursault），ロゼではサヴィニ（Savigny），アロス（Aloxe），そして赤ではポマール（Pommard）などの名称である。その他，本書にはシャサーニュ（Chassagne），サントネ（Santenay），サン＝トバン（Saint-Aubin），モルジョ（Morgeot），ブラニ（Blagny）という名称もみえる。つまり，ワインの呼称が村レベルという，より狭い範囲へと狭域化したわけである。これらは，現在でも上質ワインとして名高い産地でもある。

時代を少しくだってフランス革命前夜になると，ワイン通で知られる，のちのアメリカ大統領ジェファースン（Thomas Jefferson）は，若き日のフランス滞在中に各地の葡萄畑をめぐり，当時の上質ワインについての記述を残している。それによれば，ブルゴーニュについてはシャンベルタン（Chambertin），ヴジョ（Vougeot），ボーヌが特筆すべきワインであるとされた。ここでも，サランの記述にみるのと同様に村単位の呼称が採用される[75]。これらもやはり，現在において上質の赤ワイン産地として名高い。

なお，南方のボジョレ地区はというと，近隣に大市場を欠くため長らくワインづくりは細々としかおこなわれていなかったが，17 世紀にはいるころになるとパリ市場での需要増大の影響で，ヴィルフランシュ（Villefranche），ベルヴィル（Belleville），サン＝ラジェール（Saint-Lager）などに葡萄畑が増加した。ただし，この地域のワインはパリの上

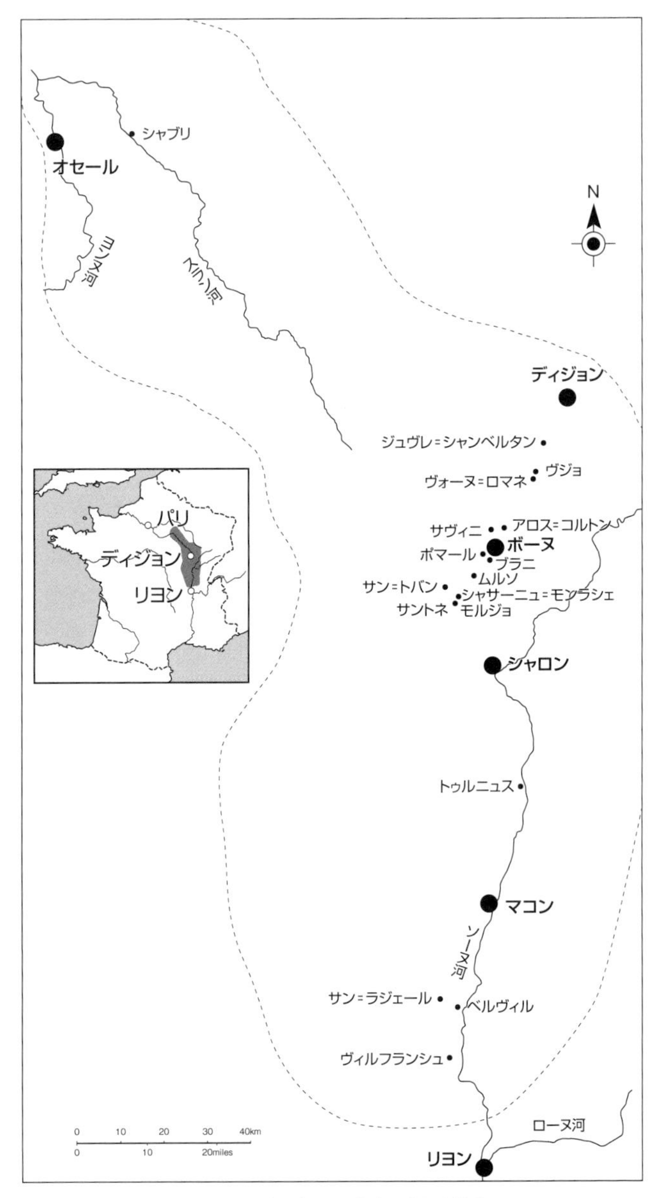

図 26　ブルゴーニュ地方の主要な地名

〔Johnson & Robinson（2007）: 55 より作製〕

流階層というよりも社会中下層によく飲まれたとみられる[76]。

以上のように，ブルゴーニュ地方でもボルドーと同様に上質ワインへの注目が高まるとともに，その産地の区別が細分化され狭域化していく傾向を読みとることができる。裏をかえせば，産地間や畑間の微妙な違いが認識され，良質性に対するこだわりが強化されていったとみることができるだろう。

[4] アンシャン・レジームから近代社会へ

■アンシャン・レジーム社会の変容

「アンシャン・レジーム（旧体制）Ancien Régime」と呼ばれる政治と社会のしくみは，「市民革命（ブルジョワ革命）」という性格をもつフランス革命（単に「大革命」といえば，通常これを意味する）によって克服され，「市民社会」と呼ばれる新しい社会のしくみのもと，市民が主な担い手となる政治体制へと変容を遂げた。一般に，大革命は1789年からナポレオンが最高権力者となる1799年までの約10年間にわたる長い変革の時代をさす。

この過程において重視すべきは，既述の貴族化という社会的上昇現象である。すでに旧体制下において，平民身分のなかで上昇しつつあったブルジョワ層（有産市民層）は，聖職者・貴族という特権身分の力が衰えるにしたがって，それと肩をならべ，時としてそれを凌駕する政治的，経済的エリートに成長していった。とりわけ成功した都市の商工業者たちは，土地を購入して「貴族風に暮らす」ことを望み，実際にそのなかから貴族になる者も多かった。この貴族化現象は王権の強いフランスでめだった傾向で，聖職者・貴族とブルジョワの力関係にみる変化とは，換言すれば身分制社会そのものの変質を意味する。その結果，貴族化したブルジョワ層（「新貴族」）もまた，フランス革命の開始当初に主導的な役割をはたすことになるのである。

このあいだ，同時進行する現象としては，16世紀以降に発展していく主権国家体制が注目される。ここにみられる国民意識の萌芽は，フランス革命期に明示的に表現されることとなり，さまざまな国民統合政策（中央集権化，県制を基本とする地方行政，フランス語国語化など）として展開された。また同時に，カトリック教会に対する国家の優位化という傾向も強化されていき，他方で経済活動への国家介入（コルベールの重商主義政策が有名）がすすむなど，国家の役割が拡大していく。

以上のことから，次の19世紀は「ブルジョワの世紀」，あるいは「近代（市民）社会」の時代などと呼ばれる。いいかえれば，「市民革命」とは，封建制段階から資本主義段階への転換に際しておこなわれた変革という位置づけにある。この理解のしかたは，「市民革命」をへてはじめて，資本主義と市民社会とが生まれる（さらには産業革命を準備する）とみる立場にあり，おおかた通説的見解ともなっている。

■市民社会の到来と葡萄畑所有の変容

こうした市民社会の到来という歴史過程の意味を簡単にいいかえると，領主（聖職者・貴族）層にかわって，市民層が時代の牽引役，すなわち政治と社会・文化の中心的な担い手になったということである。実際にフランス革命の結果，さまざまな側面で大きな変化が生じたことは否定しようがない。主要例をあげれば，土地分割，都市の大規模化（とくに工業都市の台頭），交通・通信手段の発達，海外市場のさらなる開拓と植民地拡大，そしてワイン関係の技術と文化の発展などである[77]。

これらの諸側面のうち，土地をめぐる問題がすぐさま葡萄畑の所有関係に直結したであろうことは容易に推測できるだろう。実際に，大革命期の土地政策はまさに熾烈をきわめた。1790年から93年にかけて封建地代が廃止され，教会や亡命貴族など特権階級の土地が没収され，国有財産となった。国有化された土地が有償で売却された結果，あらたに土地を取得したのは多くのばあい既述のブルジョワ層であった。また，多くの農民も土地を入手して自作農になった。かつて特権階級が所有していた広大な土地は，このような過程において分割されていき，そうした土地を手にいれた農民（分割地農民）の広範な存在が近代フランス社会の大きな特徴をなすようになった。既述のドン・ペリニョンが在籍したオヴィリエ修道院の所有地も，大革命期に分割された土地の一例である。

このオヴィリエ修道院は，もともと5世紀に第17代ランス司教サン＝レミ（St-Rémy）が現エペルネ（Epernay）の地に地所を入手し，660年に司教ニヴァール（Nivard）によりマルヌ川（Marne）対岸に修道院を設立したことにはじまる。巡礼地にもなったオヴィリエ修道院は，大革命期の1791年に国有財産化されたのち，1823年にシャンドン・ド・ブリアイユ（Chandon de Briailles）（モエ Moëtの甥）が購入することになった。こうして，彼が甥と共同で設立したのがモエ＝テ＝シャンドン社である［Gautier（1996）: 40-43］。

ブルゴーニュ地方では，分割相続による畑の分割化がボルドーにくらべて頻繁で，一所有者あたりの畑面積は小さくなる傾向にあった。これと並行して，所有者の変更も盛んにおこなわれ，多くの葡萄畑の所有者が世俗領主（貴族）や修道院から新貴族，平民層（ブルジョワ層）へと変更された。たとえば，クロ・ド・ヴジョとロマネ＝コンティ（Romanée-Conti）とは，それぞれ修道院と貴族とが所有していた畑であるが，大革命後に銀行家ウヴラール（Ouvrard）が取得した。

ワインの歴史がこのような通史的側面の裏側で，これと密接に連関しながら進行していたことはいうまでもなかろう。この時代にますます確立していく格付をめぐる問題については，あとで詳細に説明するつもりである。

■「ワインの国フランス」観 ── ナポレオンの言葉 ──

こうしてフランスでは，葡萄畑の広がる風景がいたるところにみられ，ワインの国としての地位を確固たるものにしていく。ところで，ワインといえばフランスであるというイメージはいつごろ定着するのだろうか。もちろん，この問いに明快な解答をあたえるのは至難の業であるが，次にみるナポレオンの言葉は一定の示唆に富む。

> ビールとワインがワーテルローにおいてあいまみえたのである。ワイン，それは熱狂の赤色であり，熱情に沸きあがり，ひたすら武勇を求める。それは，ビールの子たる鉄壁の者たちの壁がたちはだかる丘の高みへと3度にわたって展開したのである[78]。

つまり，遅くともフランス革命・ナポレオンの時代までには，フランスがワイン文化圏であり，イギリスやドイツ諸邦といったビール文化圏と対比をなすという見方が出現していたわけである。したがって本章は，まさにそうした考えかたの醸成される背景を考察してきたことになる。そこで次章では，その傾向がよりいっそうおしすすめられていくことになる時代のワイン文化を考察したい。

【註】

63 はやくもシャルル9世やルイ13世の時代には，葡萄畑の開墾を禁止する政策がうちだされていた。そののち，とくにルイ15世は，1725年以降，同様の措置を次々と全国的に展開した。

64 ワイン史研究の大家ディオンが，多くの実例を紹介し検討している。Dion (1959) : 597-602；ディオン（2001) : 541-544。

65 このとき国王評議会は，土地の使用についてその所有者に制約を課さないことを決定した（«les propriétaires de fonds ne devaient point être gênés sur la destination et l'emploi de leurs terrains»）。Lachiver (1988) : 333-335．このできごとは，まだフランス革命の30年ほど前のことである。

66 Loïc Abric（2008) : 399-418.

67 Jean Richard (dir.), *Histoire de la Bourgogne,* Toulouse, Privat (1978)，p.255.

68 さらにいえば，ドン・ペリニョンの名の初出に記したように，彼の生年が1639年であることに注意しよう。しかし，写真中に記された生年は1638年であり，奇遇にもかのルイ14世とまったく同じ生没年になっている。ここに，フランス史の偉大な王とまったく同時代に生きたという物語をつくりあげ，これが王と同様に偉大な人物というドン・ペリニョン像に完成に寄与すべく試みられた作為のひとつとみる見解もある。Musset (2008)：86.

69 世界最大のシャンパーニュ・メイカーであるモエ・テ・シャンドン社は，自社が販売している高級発泡酒に「ドン・ペリニョン」と名づけた。現在，この「ドンペリ」は金持ちの象徴として崇められているが，ドンペリのみが最高級のシャンパーニュだという俗説には根拠がない。それでももてはやされるのは，発泡性のワインを開発し，シャンパーニュ地方で発泡性ワイン広めたとする俗説で有名なドン・ペリニョンの名をつけた販売会社の販売戦略がみごとに的中したというべきであろう。シャンパーニュ地方では，これ以外に多くの極上シャンパーニュが生産されている。山本 博（2003) : 163-170。ワイン知を深めつつある読者のみなさんが，俗世間にはびこる宣伝文句に踊らされないよう祈るばかりである。

70 その他，先駆的な研究として Gandilhon（1968) ; Bonal（1984）をあげることができる。

71 [Musset (2008) : 55-].

72 ポンパドゥール夫人の言葉として «le seul vin qu' une femme puisse boire sans s'enlaidir» とのフレーズが有名である。Cit. par Garrier (1995) : 155.

73「クリュ」概念のより詳しい分析は，野村（2017a）を参照。

74 いずれの用語も日本語に訳しづらく，原語のままもちいている。これらの用語を，うっかり口にしてしまったら，すでにあなたは「嫌われるワイン通」の域に足を踏みいれているといって過言ではない。

75 つまり，既述のオランダ商人による「1647年の相場表」の場合と同様に，ワインの呼称としては村名が使用されたということである。ワイン呼称につかわれる産地名について，詳しくは野村（2017a)。

76 たとえば，フィリップ・エガリテ（オルレアン公ルイ・フィリップ2世: 1747-1793）の甥パンティエーヴル公のカーヴ貯蔵記録にはボジョレ産ワインがみられない。Lachiver(1988) : 285-.

77 1789年8月4日夜の決議にもとづいて，裁判権や地代徴収権などの領主の封建的諸権利が廃止されたほか，教会の十分の一税，貴族の免税特権，官職売買などの廃止も決定されることになり，理念的レベルでは同一の法に服する個人によって構成される市民社会が成立した。

78 原文は以下のとおりである。« La bière et le vin se sont rencontrés à Waterloo. Le vin, rouge de fureur, bouillant d'enthousiasme, fou d'audace, s'est répandu par trois fois à la hauteur du coteau sur lequel se tenait un mur d'hommes inébranlables, les enfants de la bière. »

【補足資料】

◇◇第Ⅳ章の最後に

＊＊ ちょっとひと息 ＊＊＊＊

●エチケット

教員　授業では，ワイン瓶に貼ってあるエチケットを解読する練習を少しずつやっています。フランス語の読みかたを学習するのは，その練習を視野にいれてのことです。ところで本講義の受講生は，もう「ラベル」なんてぇ呼びかたはしないことでしょうねえ～。

学生X　も，も，もちろんですぅ～。

教員　ふむ，よろしい～ (^^)

学生X　（アブねえアブねえ，気をつけないと「ラベル」って言ってしまいそうだ…）ところで先生，「エチケット」ってえのは，よく聞く言葉ですが，それとこれとは意味が違うので？

教員　いいところに気づいてくれました。

学生X　（ほっ。うまく危機回避できたぜ）

教員　もともと「エチケット」は，フランス語のétiquetteでして，「訴訟当事者や裁判官などの名前を記した貼り札や名札」という意味の法律用語でした。それが一般的に名札・値札として使用されると同時に，礼儀作法という意味にも転用されはじめたわけです。そんなわけで，ワインのエチケットは，そのワインの正体を正確に明かすという，まさしく礼儀作法を示すものなんですね。だから，エチケットを読むという作業は，エチケットに書いてある，法律で定められたところの「ワインの礼儀作法」を解読する，という作業なのです。

学生X　なるほど～，そうでしたか。どおりで聞き覚えのある言葉だと思いました！

教員　まだまだ奥が深いのですが，それでも受講前に比べればかなり読めるようになったと思います。実際どうですか？

学生I　私は，デパ地下，コンビニなどでワインを見かけると，ついエチケットを見るようになりました。

教員　おお，それはすばらしい！

学生Z　ぼくも，この前，酒屋さんに行ったときに，ためしにエチケットを読んでみました。ちょっとだけでしたが，何とか読めたものもありましたよ♪

教員　授業でやったことをさっそく実践してますね。なかなかできることではありませんぞ。

ある学生の作品

学生AK　スーパーでワインを買うとき，値段だけではなくて，エチケットもしっかりと見るようになりました。いつか「お気に入りワイン」を発掘したいです（^O^）／

教員　よく言えました♪ではクソ勉強あるのみですな（^^）

●ワインの世界は厳格なる身分制社会

学生FK　先日，イタリアンレストランに行きワインも見たのですが，品種がメニューの一番上に書かれていました。おいしいんだろうけど，いったいどういうシロモノかわからずじまいでした。ちなみに，価格はボトル2,500円くらいでした。

教員　残念ながら，それだけの情報ではワインの正体を正確にいいあてることは不可能です。イタリアのワイン法はフランスにならってワインを生産方法や質に応じて分類しようとする方向にあります。ですから，ある程度は，フランスワインと同じ考えかたでエチケットを読むことができます。基本的に，産地名（原産地統制呼称）を一番大きな字で記載する傾向がありますから，品種名を大きく書いている時点で，そのワインがDOCGあるいはDOCクラス（EU法の枠組ではAOP；フランスではAOC）という最上位カテゴリにないことだけはかなり高い確率で断言できるでしょう。推理できるのは，ここまでです。

イタリアのワイン法がフランスにならっているとはいっても，やはりフランスの厳格さにはとうていかないません。いいかえれば，フランスのワイン法は，身分制社会のように上下がきっちり決まっていて，格下のワインが上のクラスに昇格することは，不可能ではないにしろ，それなりの難しさがあります。エチケットには，ワインみずからの「正体」について正直に書かれねばなりません。だから，エチケットを読むことができれば，ワインの「格（身分）」もわかるというしかけになっているわけです。

フランスではAOC制度と呼ばれるものが，その「格」につうずる側面を規定しています。これはAppellation d'Origine Controlée（原産地統制呼称）の略で，本書では単に「アペラシオン」ともいうこともあります。

●Chablis

学生Y　私はさっそくワイン買いに行ってみましたよ！ミュスカデ（Muscadet）はなかったけどシャブリというやつを買いました。ちゃんとエチケット読んでる自分に感動でした。実践すると授業での集中度もUPします☆

教員　最近はシャブリも安いのが入ってきてますから，気軽に買えますね。しかし，それにしてもいきなりシャブリですか…果たして大人の白を飲みこなせましたかな？というか，最近の若者は贅沢やな～（-_-）

学生TK　料理が好きで料理本を買ったのですが，そこにシャブリについての説明がありました。「貝殻のような香り」「ミネラルの…」とあり，そのなかに「火打ち石のような香り」とありました。これがよくわかりません。

教員　たしかに，現代人にはよくわからない表現です。なんらかのミネラル感を感じたときに，それが「ミネラル感が豊富な…」などという表現になりますが，それを「火打ち石」という表現でもあらわすといえます。英語で“flinty”と表現することもあります。ところで，Chablisとはいっても，実をいうとミネラル感たっぷりというタイプばかりではありません。こういったミネラル感に特徴づけられるChablisは，ステンレス製タンクを使用し，ＭＬＦをしないタイプのものです。それに対して，伝統的な生産者のなかには，木樽を使用し，なおかつ乳酸発酵（MLF）をする人もいます。ということは，この手のChablisはミネラル感はたしかにあるが，時としてそれよりも木樽やMLFに由来する風味も感じるということになります。

●「貴腐ワイン」とは

学生OM　「世界三大貴腐ワインのひとつハンガリー・トカイ地方…」という宣伝文句をみたことがありますが，あとの二つは何でしょう。

教員　いい質問ですねえ～（と，どこかで聞いたことのあるセリフ）。実はですね，トカイ（Tokaj）のほかに，ひとつはすでに本講義で説明したことがあるんですよ。あまりに昔のことで忘れてしまったとは思いますけどね（^^）

学生OM　（ﾟ◇ﾟ）ガーン

教員　それは，ボルドー地方のソテルヌ（Sauternes）です。もうひとつは，ドイツのトロッケンベーレンアウスレーゼ（Trockenbeerenauslese，略してTBA）というやつです。貴腐ワインは，葡萄を完熟させて，糖分をめいっぱい蓄えた状態で醸造します。葡萄に由来する天然の糖分がたっぷり含まれているため，希少性があるというわけです。この葡萄果をはたからみると，いかにも腐ってそうにみえるのですが，ところがどっこい，糖分が豊富に含まれる貴重な葡萄果なのです。だから「貴腐pourriture noble」と呼ばれます。糖分の多いワインは，食後のデザートと一緒に飲むことが多いため，デザートワインと呼ばれることもあります。そのデザートワインのなかでも，貴腐ワインを飲むのがワイン通というものでしょう。貴腐ワインのなかでも，上記の貴腐ワインがずばぬけているため「三大」といっているわけです。

●「ワイン通」予備軍，確実に増殖

学生AK　この授業だけはサボりたくなくて，寝坊しても間にあうように頑張ってます♪

教員　おいおい，褒め殺しかよ～（^0^;）

学生OS　ぼくもこの授業をうけてから，店にあるワインに目がいくようになりました。ボジョレ・ヌヴォで騒いでいる人たちを鼻で笑いながら物色していたのですが，一番高いワインでも6,000円に届かないものでした。grand cruと書いてありましたが…。

教員　ぼくなら，さらにニヤリと不敵な笑みを浮かべてやりますがね。ところで，ひとことでgrand cruとはいっても，ピンキリですしね。安いのもあれば，高いのもある，というわけです。ワインの格は，かならずしも値段と比例しているわけでもありません。値段は，基本的に市場の原理で決まっていきますから。

学生OK　上級生のおごりでワインを飲みに行きました。飲んだのはイタリア産の2,000円台のワインで，あまり渋みのないおいしいワインでした。店をあさってみると，オーパスワン（2006）が！シャトー・マルゴが!!ひとりテンションあがりまくりでした。飲みたかったなあ～（;；）ホロホロ

教員　学生の分際で，なかなかのワインライフを送っていらっしゃるようですな。ともあれ，若いうちからワインを楽しめるなんて，なによりですな。うらやましいかぎりですな。

学生SK　『神の雫』に触発され，ワインを買おうと決心しましたが，ワイングラスがないことに気づきました。やはり湯飲みではなく，ワイングラスで飲みたいと思ったので，ドンキに行ったのですが，ブルガリのワイングラスが15,000円だったので断念しました。

教員　グラスに懲りすぎると，ワインにまわす余裕が……（￣0￣）

学生（農・櫻井風音）　このあいだ数学の授業で「無数に解がある」という言葉に，瞬時に発泡性ワインの「ムスー」を連想した自分に驚きました（^^ゞ

教員　すごいね，それ。洗脳への道まっしぐらやね。いいネタいただきました。今後数年間，ここに名前が残ることでしょう。おめでとう～♪

学生SA　おはようございます。本気だそうと思って前の席に来ました！

教員　お～っ？なんかいつもと前列の風景がちがうな～，と思ったら。えらい！

学生TC　これからは，「シャンパン」ではなく，「シャンパーニュ」と呼びます（笑）

教員　最後の（笑）は余計だわな。

●居酒屋のワイン

教員　おっと時間です。それではこれにて！（足早に教室を去ろうとする）

学生S　（すかさず，教員の行く手をさえぎるように仁王立ちする）

教員　（しまった，またもやつかまってしまった！）おやおや？一体全体どうしたんです。

学生S　たしか先生，前に居酒屋においてあるワインを見る機会があったら，どんなものか見ておいてくれということでしたよね。

教員　ああ，たしかそんなことも言いましたっけかねえ～（すっかり忘れとった…）

学生D　私はおいしい赤ワインに出会えないんですよね～。

教員　居酒屋のあの雰囲気とメニューに合うワインなんて限定されそうですね。それ以前に，マリアージュなんて楽しむ空間ではないと思いますが…。

学生SR　バイト先の居酒屋で，「赤玉ワイン」・「白玉ワイン」というものを発見しました。

教員　初耳ですね～。聞いたことあるような，ないような。もしかして，サントリーからでている「赤玉スイートワイン」のことでしょうか？サントリーからは，この赤玉シリーズが複数だされています。それでは「白玉」というのは何だろうと思って検索してみたら，兵庫県明石の「江井ヶ嶋酒造」から「白玉レッドワイン」，「白玉ホワイトワイン」というのがでていますね。

学生SR　これって，普通の赤ワイン・白ワインと違うんでしょうか？あとハウスワインとか。お客様に聞かれ

て，めっちゃ困りました。助けてください。

教員　ワインの4分類を思いだしてください。上の赤玉・白玉は，いずれも蒸留酒（ブランデー等）をワインに混ぜて，アルコール度数を高めているものだろうと思います。とすると，分類上は，「フォーティファイド・ワイン（酒精強化ワイン）」ということになります。普通われわれが親しんでいる「スティルワイン」とは違うわけです。しかし，日本の酒税法による分類では，「甘味果実酒」です。ワインは「果実酒」ですね。ちょっとごちゃごちゃしていますが，思いだしましたか？今度，ボトルの裏ラベルをよく観察してみてください。分類表示がどうなっているか，というのが大きなヒントになります。

●Coq au vin

学生SA　自由レポートにとりくむにあたって，ワインにあう料理を自作してみようと思うのですが，なにかオススメの料理はありますか？

教員　ぼかぁ〜食べるの専門だから（笑）料理がだされて，これにあうワインは何かな…と考えるのが好きなのですよ。

学生YT　料理用の赤と白を一本ずつそろえています。簡略版ですが，コック・オー・ヴァンはバゲット（baguette）と一緒に食べるのがおいしいです。これはどこの料理でしょう。ワインは，ブルゴーニュでしょうか？

教員　雄鶏のワイン煮で，ブルゴーニュ地方の料理です。ですから，ワインはブルゴーニュの赤をつかうのが本格派というものですぞ。

学生YT　coq au vinは寒くなると無性に食べたくなるので，安い鶏肉とオレンジジュース，そこにワインをくわえてグツグツグツと骨の髄までほうほうになるまで煮てやるのです。

教員　なるほど〜寒いときには絶好の料理ですなぁ。うーん，なんちゅう贅沢なcoq au vinでしょう。

■■しがない歴史教師のひとりごと
プリント作成におわれる日々…

とにかくだ。毎週毎週の授業に間にあわせて配布プリント用のテクスト原稿をしあげるのが，学期中は一大事だ。春休みから着手したものの，結局のところ，まったく余裕のない状態におちいってしまった。自分の論文等の執筆作業などの仕事と並行しておこなわれているのはもちろんだが，授業用教材テクストの執筆も論文のような感じですすめているものだから，時間がかかってしようがない。いや，もちろん本格的な論文ではないから，少しは気が楽なのだが…。

自分の研究ならば，研究書や論文を読んで，そのメモをとる。だから，論文執筆がはじまるや，そのメモを頼りに，どの情報がどの本に依拠しているかということは簡単に示すことができる。しかし，授業用テクストはというと，いちいちメモをとることなく調べものをすることもある…すると，どうなるか。一度は読んだものの，時間の経過とともに，どこになにが書いてあるかが記憶の彼方へと逃げ去っていく。

その逃げ去った記憶をもう一度つかまえるためには，本を再読する必要がある。しかも，それをテクスト原稿を作成しながらやらねばならないわけで，これがけっこうな時間をとる。適当な資料がなければないで，途中まで書いた原稿が，そこからなかなか書けなくなったりもする。こんな具合に，なんだかんだで時間がかかるわけだ。（おまけに，こういうコーナーを作成してしまったものだから，余計な時間もかかってしまうわけでして）

要するに，授業が終わると，次の授業まで，てんやわんやの大騒ぎの連続なのだ。そんな時間は，嵐のように去っていく。困ったものだ。

V 近代市民社会の到来とワイン文化の展開

【本章の概観】

前世紀をつうじて，アンシャン・レジーム期の政治と社会はしだいに行きづまりをみせるようになり，ついにはフランス革命という大変革が生じたのであった。この革命の影響は，またたくまにヨーロッパ各地へと伝播した。これは，従来の身分制社会のなかで，ブルジョワと呼ばれる新しい社会層の力が着実に育っていたことを示すものであった。市民的土地所有が拡大するにつれ，ブルジョワは従来の王侯貴族とともにワイン文化の担い手にくわわっていく。また，科学の知識・技術の深化は，ワインづくりにも大きな影響をあたえることになり，交通革命によってワイン輸送の利便性が飛躍的に向上するとともに，より多くのワインがヨーロッパから世界中へと運搬されるようになっていった。

このようにして，とりわけ19世紀中葉からフランスワイン産業の繁栄が現出し，「美食」文化の発展にともなってフランス料理の名声が高められていった。19世紀に5回も開催されたパリ万国博覧会は，そのような食にかかわるフランス文化を世界に発信する絶好の機会としての役割をになった。

V　近代市民社会の到来とワイン文化の展開

［1］ワイン業の繁栄

■生産と輸出の増大

19世紀にはのちに述べる病害・虫害による大打撃があったものの，葡萄畑の面積もワイン生産も，長期的にみればいずれも増大傾向にあった[79]。その結果，とりわけ1860年代から1880年代にかけての時期は，フランスワインの「黄金時代」ともいわれる。なかでも南仏での増加は著しく，1869年にはラングドック地方の4県だけでフランス全国の3分の1ものワインを生産するにいたった。

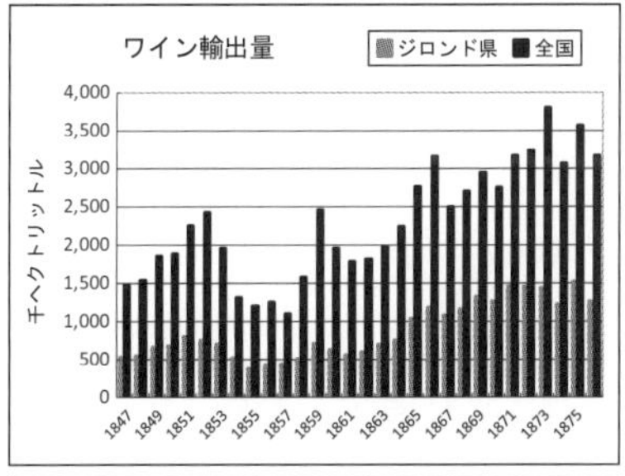

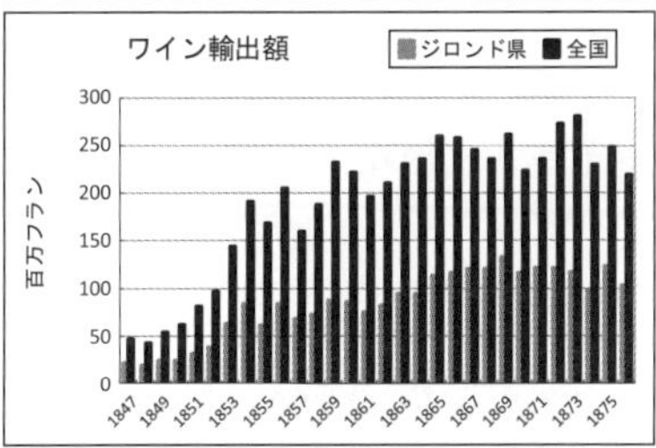

図27　ワインの輸出量・輸出額
〔Cadier-Rey（1970），t. III より作製〕

そもそも，18世紀後半のイギリスを皮切りに，ヨーロッパ大陸でも「産業革命」と呼ばれる経済的な大変動が生じ，「交通革命」ともあいまって，西ヨーロッパ諸国の経済が大きく発展した。交通革命の主な要素としては，道路整備や，とりわけ鉄道網の拡充をあげることができる。ヨーロッパ外への拡大という観点からみれば，南北アメリカ大陸やアジア諸地域への蒸気定期船の就航もみのがせない。イギリスのP＆O社，ついでフランスの帝国郵船がその代表的な事例である。1869年には，スエズ運河が開通し，それまでの喜望峰経由の航路にくらべアジア方面への移動時間が大きく短縮された。

遠隔地間のコミュニケーション手段としては，電報技術の発達が目をひく。1831年にファラデーが電磁誘導の法則を発見し，磁気から電気をとりだせるようになったため，これを電信手段として実用化することがめざされた。この結果，よく知られるモールス電信が実用化されるにいたる。この電信手段は，モールスによる実験をへて改良されたのち，1851年10月にウィーン会議での五カ国条約にもとづいてヨーロッパで実用化が開始された。

図28　小売商のもとでワインが樽から小分けされ売られるようす
〔出典：Jullien（1836）の表紙〕」

こうした交通・通信面での変化にくわえて，中央政府の経済政策も大きな影響力をもったとみられる。フランスのばあい，その主要な要因は皇帝ナポレオン3世のもと推進された貿易自由化であり，とりわけ英仏通商条約（1860年）はワインの大市場であるイギリス側の関税を大幅に引下げた。その結果，フランスのワイン輸出量は，1866年に400万ヘクトリットル前後となり，1840年ころの2倍強に達した。

国外市場だけではない。1858年になると，ペルピニャン－ディジョン線，ボルドー－オルレアン線が開通し，地方のワイン生産地とパリが鉄道でつながる。こうして，フランスの地方ワイン産地と大消費地パリがそれまで以上に密接に商業的な結びつきを強めることとなり，国内市場が一体化の度を強めた。首都パリと地方の連絡が容易になってくると，地方のさまざまな食文化もまたパリに伝えられるための条件がととのうことになる。鉄道網がパリを中心にそこから地方へ延伸する形で整備されたことは，そのような食の一極集中を促進する役割を果たしたことであろう。

■ヨーロッパ諸都市との比較

表7　ヨーロパ主要都市の人口変動（単位：万人）
〔出典：Cook & Stevenson（1991）：241-242.〕

	1800	1850	1900	1950	1981
アムステルダム	20.1	22.4	51.1	80.4	96.5
アテネ	1.2	3.1	11.1	56.5	88.6
ベルリン	17.2	41.9	188.9	333.7	380.7
ハンブルク	13.0	13.2	70.6	160.6	171.7
マンチェスター	7.5	30.3	64.5	70.3	49.1
ロンドン	111.7	268.5	658.6	834.8	697.0
マルセイユ	11.1	19.5	49.1	66.1	100.5
モスクワ	25.0	36.5	98.9	504.6	773.4
ローマ	15.3	17.5	46.3	165.2	288.4
ウィーン	24.7	44.4	167.5	176.6	158.1
パリ	54.7	105.3	271.4	285.0	231.7
リヨン	11.0	17.7	45.9	65.0	115.3

19世紀をつうじて，ヨーロッパの都市人口は着実に増加した（**表7**）。産業革命が欧州で最初に本格化したイギリスでは，工業都市の人口が500～700%の増大をみせ，19世紀末までには都市人口が農村人口を上回った。その他のヨーロッパ諸都市に関していえば，1800-90の期間において，たとえばベルギーとフランスの都市人口は倍に，ヨーロッパ＝ロシアでは3倍に，ドイツでは4倍にもなった。これにともなって，都市部でのワイン消費も増えつづけ，たとえばフランスでのワイン消費などは，1848年時点での50リットル／人から1880年には80リットル／人に達した。

■港町ボルドーの賑わい

フランス国内では，第二帝政期についてみると，パリについでマルセイユ，リヨン，リールといった工業都市の人口増加がめだつ。商人の街ボルドーもまた，増加率の面でそれらの工業都市に劣らない（**表8**）。

表 8　第二帝政期フランスの主要都市人口（単位：万人）
〔出典：*Dictionnaire du Second Empire*, art. «population».〕

	1851	1866	増加率
マルセイユ	19.5	30	53.8%
リヨン	24.9	32.4	30.1%
ボルドー	13.1	19.4	48.1%
リール	7.6	15.5	103.9%
パリ	125	183	46.4%

ボルドーに注目してみると，人口は 19 世紀をつうじて穏やかな増加によって特徴づけられ，その人口増加率は 1801 年から 1936 年のあいだで 2.8%増である。

住民の構成に目をうつすと，ボルドー生まれの人口は 19 世紀初頭には都市人口の 3 分の 2 を占めていたが，19 世紀末までには 2 分の 1 にまで減少した。これは都市外からの人口流入を原因とするが，とくに注目されるのはスペインやイタリアからのカトリック系住民の流入である。このスペイン系・イタリア系住民は，1851 年時点では全人口の 2% にすぎなかったが，1911 年にはそれが 2.5% になり，1931 年には 11% へと急増した。したがって，19 世紀をつうじてボルドーの外国系住民は 2%程度のごく少数派であったことになる。

表 9　ボルドーの人口推移

時期	人口	フランス全国の人口動態
革命前	5 万程度	
1801 年	9 万〔仏 4 位〕	1800 年…29.1（百万人）
1851 年	13 万	1851 年…38.5
1872 年	19 万	1870 年…38.4
1870 年代	21 万 5000	1988 年…55.8
1936 年	26 万	
1964 年	42 万	
2004 年	66 万	

そこで，外国系住民の出身地をみてみると，上流階級にイギリス系とドイツ系が，逆に民衆層にスペイン系とイタリア系が多いという特徴をみてとることができる。たとえば，ヴィクトワール広場（Place de la Victoire）からマルヌ通りとアルゴンヌ通り（cours de la Marne et de l' Argonne）の一帯はスペイン人街となっており，外国系をはじめ多くの有力な商人層はシャルトロン街（Chartrons）に住居をかまえていた。コスモポリタンな街として知られるボルドーにおいてさえ，一定の社会的棲みわけがみられたのである。

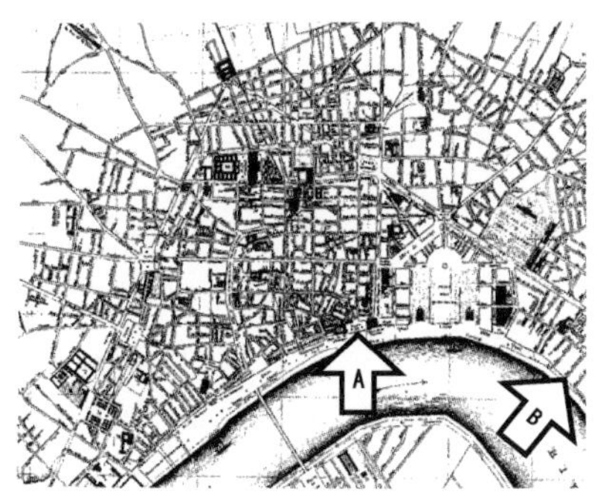

図 29　1850 年ころのボルドー市街
A：取引所　B：シャルトロン街

図 30　上：取引所　下：シャルトロンの埠頭（1834 年ころ）
〔Bibliothèque municipale de Bordeaux 所蔵〕

前世紀から活気のある界隈だったのは，取引所からシャルトロン街にかけてのガロンヌ河沿いの一帯である。このあたりには多数の船舶が行き来し，商品の積み卸しが盛んにおこなわれた。ここで積まれたワインは，ガロンヌ河をくだって大西洋にいたり，そこから諸外国へと運ばれていったのである。

鉱山事業に長年たずさわり，職務で国内外を問わず各地を歴訪した者のなかに，シモナン（Louis-Laurent Simonin, 1830-1886）という人物がいる[80]。彼は，ボルドーを訪れたときの印象について，みなが「ワインがうまくいけば，すべてよし」との考えをもち，またその取引に関心をよせていると記す。そのさい，街で有力なワイン商（ネゴシアン）として，ジョンストン（Johnston），バルトン（Barton），ゲティエ（Guestier）らの名があげられる［Simonin (1878) : 84, 106-107］。いずれも，大革命・ナポレオン期ののちボルドーのワイン商業を牽引していた有力商家である。

シモナンは，工業化の時代にあって，ボルドーが商業活動を軸にしてそれ自身の固有の道をすすんでいるとの指摘もおこなったが，いいかたをかえればそれはワイン商業にそれまで以上に傾注しはじめた時代を描写するものでもある。彼が訪れたころの街のようすをみると，依然として多くの船が行きかう風景が活写されていることを確認することができる（図 31）。

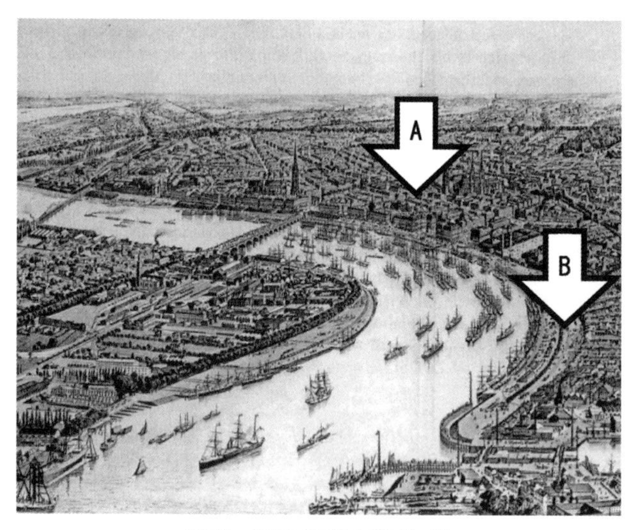

図 31　1889 年ころのボルドー港

A：取引所　　B：シャルトロン街

〔Archives municipales de Bordeaux 所蔵のものより作製〕

貿易関係に目を転じると，伝統的な貿易相手国・地域であるイギリス，北欧，ロシアやアフリカ西部とのつながりのほかに，19 世紀半ば以降に関係強化のみられた南北アメリカ，東アジアのほうへと活動が拡大していった（図32）。とりわけ，南アメリカとの関係では，ヒトとモノの両面で密接な交流が築かれた。ボルドーの港からは多くのワインが送られ，そのかわりに帰り荷として，燃料や肥料として利用される海鳥の糞がチリを中心とした南アメリカ西海岸で大量に積みこまれてボルドーへともどっていった。この過程において，ボルドーからはワインづくりの技術者がチリに赴き，現地での葡萄栽培，醸造の指導をおこなうなどして，ヨーロッパのワインづくりが南アメリカに伝えられたが，このことは後述のワイン文化のグローバル化との関連で興味深い事実である。

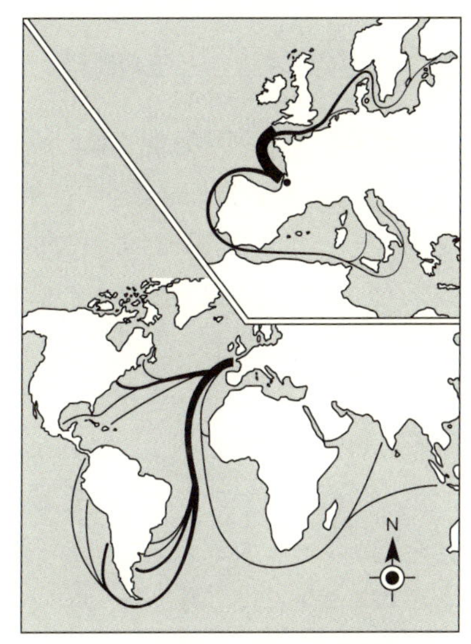

図 32　ボルドーと世界の貿易関係

［2］ワインづくりの技術的向上

■葡萄の病害・虫害とのたたかい

19 世紀は，葡萄樹をおそう病害，虫害とのたたかいに明け暮れた時期であるといっても過言ではない。まずヨーロッパ各地の葡萄畑に襲来したのは，ウドンコ病（oïdium）と呼ばれる病害である。この病害は，1850 年前後にはフランスの一部の畑で観察されており，またたくまに広範囲に拡散していった。この病害が収束にむかうのは 1857 年ころのことである [81]。次に葡萄畑を襲ったのは，1860 年代から世紀末にかけて猛威をふるったフィロクセラ（phylloxéra）であった。これは北米からもたらされた害虫で，根や葉に寄生して葡萄の生育を阻害した。いずれの事態も，葡萄栽培にとって大きな災禍となり，ワイン生産も当然のことながら甚大な打撃をうけた。これはワインの国にとっては一大事であり，官民あげてこれに対処し，長い時間をかけてようやく沈静化するにいたった。

■ワイン学の深まりとその時代

時代背景 ──科学万能主義の進展──

19世紀は，資本主義経済の発展のみならず，自然科学の発展と進歩思想によっても特徴づけられる。イギリスではダーウィンが進化論を唱えたことで知られるが，フランスでもたとえばパストゥール（Louis Pasteur）は，細菌学の発展ばかりでなく，ワインづくりの面でも大きく寄与することになる（後述）。ルナンが『イエス伝』を発表して，その宗教の科学的研究という方法がカトリック陣営からの激しい非難をあびたのもこの時代である。科学礼賛の思潮は，進歩史観ともあいまって時代を覆うようになるが，こうした傾向はパリ万国博覧会という形でもあらわれることになった。

その反面，資本主義経済の発展や銀行制度の拡充などの現象は，相乗的に社会の富裕化を招来したが（こうして台頭した富裕層は「ブルジョワジー」とも呼ばれる），投機の傾向も助長し，そこにみられる拝金主義が批判されるようにもなる。俗物根性を批判し，あるいは社会の現実を描写する文学（フロベール，ゾラ，ゴンクール兄弟，メリメ，アレクサンドル＝デュマ＝フィスなど）や絵画（ミレー，コローなどのバルビゾン派）[82]の登場が，そのような時代の趨勢に反旗を翻した人びとの代表的事例である。

ワインづくりにかかわる科学知

このような時代背景のもと，上にみた葡萄の病害・虫害を克服するにいたったのは，葡萄栽培とワイン醸造にかかわる科学的知見の飛躍的な深化による。そもそもワインづくりは，あらゆる酒造のなかでもっとも容易であるといわれる。収穫した葡萄果を放置しておいても，葡萄果に付着した天然酵母により，果汁内の糖分をもとにアルコール発酵が自然と開始されやすく，その結果，エタノール（エチルアルコール）と二酸化炭素が生成される。こうしたアルコール発酵のメカニズムが化学的に解明されたのは18世紀末から19世紀初頭にかけてのことにすぎず，それまでは経験にもとづく試行錯誤をつうじて各人各様の醸造法が確立していったことだろう。このことは，アルコール発酵以外の醸造手法や，葡萄栽培にかかわる方法などについても同様のことがいえる。

そもそもワインづくりの技術は多種多様であり，前世紀までにもさまざまな技法が適用されていた。葡萄栽培の分野では，ギュイヨ（Jules Guyot）[83]やラフィット（Auguste Petit-Lafitte）[84]らが有名である。自然科学の分野では，ラヴォワジェ（質量不変の法則）とその弟子ゲ＝リュサクらが近代ワイン学の出発点になったといわれ，その後，シャプタル，パストゥール，海外ではフェルディナント・エクスレ（糖度計の発明），ブフナー（発酵理論の確立）らが醸造学を発展させた[85]。

■葡萄栽培・醸造の技術的向上――シャプタルからパストゥールへ――

以上にみたなかで，シャプタルとパストゥールの研究は特筆に値する。補糖の研究そのものはすでに18世紀からおこなわれていたが，それが本格化するのは19世紀になってからで，ナポレオン期に大臣までつとめたシャントル伯爵シャプタルの功績が大きい[86]。当時の甘蔗糖不足に対処するため，ナポレオンに登用されたシャプタルは甜菜栽培の普及とそれにもとづく甜菜糖の製造に貢献した。また彼は，未熟な葡萄果に補糖をほどこすことによって十分なアルコールをつくりだすことを提唱し，この方法は「シャプタリザシオン chaptalisation」と呼ばれるようになった。

シャプタルの構想は，未熟な葡萄果の醪（マスト）に加糖することによって十分なアルコール分を獲得するというものであり，そのための砂糖としてはサトウキビによる甘蔗糖のほかに甜菜糖の利用も考案された。シャプタルはいう。

> 砂糖の添加には，二つの利点がある。それは，ワインのアルコール分をかなり大きく増強させること，酒質の劣るワイン（vins faibles）が陥る酸化による劣化を予防することである[87]。

また，醸造につかわれる最適な砂糖の種類についても研究がすすめられ，シャプタル自身は甜菜糖からの糖分抽出に没頭したが，一般的には甘蔗糖が上質ワイン用として好まれた［Martin (2009) : 236-243］[88]。

その後，ワイン醸造の技術を大幅に発展させた人物として，パストゥールを忘れるわけにはいかない[89]。彼は，ワインやビールの酸化防止をめざして，50～60℃で低温殺菌する方法を発見した（この手法は彼の名をとって「パストゥリザシオン pasteurisation」と呼ばれる）。この殺菌法は，1867年のパリ万国博覧会においてグランプリを受賞した。ある研究者によれば，パストゥールがこれほどまでにビール研究にうちこめたのは，彼自身が内に秘めていた強烈な対独復讐心と表裏一体だったというからおもしろい［Duby & Wallon (1992) : 194-197］。

ガラス瓶とコルク栓についていえば，シャンパーニュの発泡性ワインのところで力説したように，その製造技術は互いに切っても切りはなせない関係にあり，一方の技術向上は他方のそれを必然化した。運搬や保存のために十分な強度をもつガラス瓶，コルク栓は早

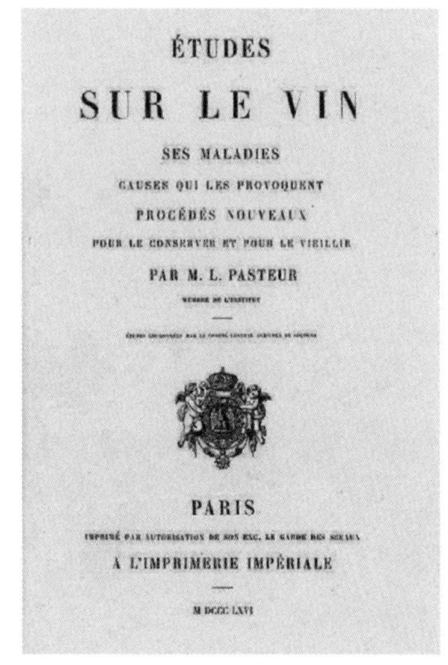
ÉTUDES

SUR LE VIN

SES MALADIES

CAUSES QUI LES PROVOQUENT

PROCÉDÉS NOUVEAUX

POUR LE CONSERVER ET POUR LE VIEILLIR

PAR M. L. PASTEUR

PARIS

IMPRIMÉ PAR AUTORISATION DE SON EXC. LE GARDE DES SCEAUX

À L'IMPRIMERIE IMPÉRIALE

M DCCC LXVI

図33　パストゥール『ワインに関する研究』（1866年刊）

コラム６　加熱殺菌の手法

明治時代のはじめころ，日本酒の製法を西洋に紹介したドイツのコルシェルトやイギリスのアトキンソンなどの外国人学者は，「火入れ」という手法に驚嘆した。

この「火入れ」は，遅くとも室町時代末期には実践されていたとの記録が残る。現在でも実践されている火入れは，60～65℃で30分ほど低温加熱する殺菌法で，通常はアルコール発酵後に濾過して貯蔵する前と，瓶詰め直前との2回おこなう。このような火入れをしないものを「生酒（なまさけ）」という。パストゥールの「発見」が幕末のことだから，外国人学者たちが驚いたのも無理はない。

くとも17世紀まで待たねばならず，その普及となると19世紀末から20世紀にかけてという，つい最近のできごとでしかない。たとえばボルドーでは，1872年から翌年にかけての時期に瓶詰めされたのは約11万本にすぎず，樽詰めの状態で流通するのが一般的だった［Duby & Wallon（1992）: 120］。

［3］「ガストロノミー」の時代 ── 食事とワインの楽しみ ──

■レストランとソムリエの誕生

市民層のなかで，とりわけ中産階級（ブルジョワ，またはブルジョワジーとも。）の興隆によって，新たなライフスタイルが誕生することにもなった。鉄道や道路網の整備によって交通手段が拡充するにつれて，保養やツーリズムなどの習慣が根づくようになり，余暇のすごしかたが変化したのである[90]。これにともない，保養都市や観光都市が発展したのは当然のこととして，ワイン文化にとって大きな意味をもつのは，地方料理が「発見」され，マリアージュの思想が発展する主要な契機になったことである。もちろんレストランなどの外食文化も一般化していき，食そのものを楽しむ文化が発展していくわけである。レストランは，フランス革命とともに急増し，パリではたとえばパレ・ロワイヤルに500以上のレストランが開店したという［Garrier（1995）: 272］。

ワインを供するレストランには，料理にあう最適のワインを客に提案する役割を演ずる専門的な人材が必要になった。ソムリエ（sommelier）の登場である。もともとソムリエとは，大きな屋敷での食事関連の給仕係をいい，酒の調達や管理などの役目はその一部にすぎず，いわば貴族の召使いといえる存在だった。それが，19世紀にはいるころから酒（とくにワイン）にかかわる一切の責任者として，とりわけレストランでは不可欠になっていく[91]。

■ガストロノミー（美食法）とグルマン

こうした背景のもと，「ガストロノミー gastronomie」や「グルメ gourmet」という用語が，それまでも使用されていた「グルマン gourmand」の語（「食い道楽」）とともに頻繁に使用されるようになるのも 19 世紀という時代の特徴である。とくに「ガストロノミー」の語は，ナポレオンが政権をにぎった 1800 年に「胃を制御する術」の意味でつかわれるようになった。いいかえれば，食べるという行為を知識や教養によって豊かにするという考えかたである。その意味で，これを「美食学」と和訳することができるだろう。

こうした語彙の使用が一般的になっていったことは，裏をかえせば食に対する社会一般のこだわりが強くなったことを示す。この傾向は，19 世紀をつうじて強まっていき，レストランを紹介するガイドブックが盛んに刊行されるようになっていく。たとえばジョアンやアシェットなどのガイドブックがその好例で，よく知られるミシュランは少し遅れて 1900 年にガイドブックの刊行を開始する。このミシュランは，1926 年からワインと料理のマリアージュを掲載しはじめ，星の数によってレストランを評価することになるのは 1931 年のことである［Garrier（1995）: 281］。

ワインと料理のマリアージュという思想は，調理にワインを使用することともあわせて料理法の多様化につながった。くわえて，アペリティフ（食前酒），ディジェスティフ（食後酒）の習慣が根づきはじめたことは，食事の一環としてワインを位置づけるという考えかたが登場したことを意味しており，食における酒の位置づけにも変化があらわれたことをみてとることができる。それとともに，リキュールのようなワインベースの酒が多く考案されるなど，ワインの飲みかたも現在にいたるまで多様化していく。その一例は，1813 年にヴェルモット（独・伊 vermouth），1870 年にデュボネ（仏 Dubonnet）などが，他方で 1841 年にはリキュール（vins de liqueurs）が登場したことにあらわれている。

以上にみるような，美食へのあくなき探求としてもっとも影響力を発揮したのが，グリモ・ド・ラ・レニエール（Grimod de la Raynière）やブリア＝サヴァラン（Brillat-Savarin）らの美食論であるといえよう[92]。ここでは，サヴァランの『味覚の生理学』を一瞥してみよう[93]。

サヴァランの著作が出版されたのは，フランス革命後のパリのレストランが花盛りだったころである。この書名は，『美味礼賛』との和訳のほうが知られているかもしれないが，原語に忠実に訳せば『味覚の生理学，すなわち超越的美食術に関する省察』となる。その「アフォリスム」の節には，「禽獣はくらい，人間は食べる。教養ある人にして初めて食べかたを知る」，さらには「国民の盛衰はその食べかたのいかんによる」とさえ記されている。そこには，空腹を満たすためだけに食べるという行為に飽きたらず，食というものに学術性をあたえ一個の学問としてあつかう態度が顕著にみられる。もちろん，飲料も彼の考察において不可欠の位置づけにあり，そのなかで「すべての飲料の中で最も愛すべきぶどう酒」に言及されたことはいうまでもない。

✐コラム7　キールの誕生

現在カクテルとして有名なキールは，第二次大戦後まもなく1950代に国会議員もつとめたディジョン市長キール（Kir, 1876-1968）によって考案されたものとして知られる。一般的には，白ワインとクレム・ド・カシスを9：1という比率で混合してつくられる。白ワインの葡萄品種は，地元で栽培されるアリゴテである。

その後，「キール・ロワイヤル（王のキール）」や「キール・アンペリアル（皇帝のキール）」も考案された。前者は，白ワインとしてシャンパーニュを使用し，後者はキール・ロワイヤルに使用するリキュールをクレム・ド・フランボワーズにする。

［4］世界にむけて展示されるワイン

■万博の時代 ――パリ万国博覧会――[94]

19世紀中葉以降には，各国において万国博覧会が開催されるようになったが，なかでもパリは19世紀だけでも5回（1855，67，78，89，

1900）を数える。2位はブリュッセルの2回であり，いかにパリ万国博覧会（Exposition universelle de Paris）が多く開催されたかがわかる。

発想の起源は，ヌシャト（Nicolas François de Neufchâteau, 1750-1828）に求められるようである。彼は，大革命期に国民議会，立法議会の議員として活動したのち，恐怖政治下に穏健派とみられて逮捕されるも，テルミドールの反動（1794年）により釈放され，総裁政府下に内務大臣をつとめた人物である。フランス産業が革命期の混乱のため停滞したとき，産業の復興・発展を促進するために，全国の産業人に対して各自の産品をもちよって展示するよう呼びかけたのが内相ヌシャトだった。このとき彼は，国内の県知事に対して，フランスは美術（beaux-arts）の保護者としての名声をすでに獲得しているため，次に急務なのは実用工芸（arts utiles）の育成である旨を通達した。そのために開催される博覧会に出品された製品のなかで，優れたものには1等と2等のメダルを授与するというわけである。こうして共和暦7年葡萄月1日（1798年9月22日）の共和国記念日祝賀のため，記念日の5日前からシャン・ド・マルスで「博覧会」が開催されることになった（第1回内国博覧会）。

表10　万国博覧会

1851 LONDON – Great Britain
1855 PARIS - France
1862 LONDON - Great Britain
1867 PARIS - France
1873 VIENNA - Austria
1876 PHILADELPHIA - USA
1878 PARIS - France
1880 MELBOURNE - Australia
1888 BARCELONA - Spain
1889 PARIS - France
1893 CHICAGO - USA
1897 BRUSSELS - Belgium
1900 PARIS - France
1904 SAINT LOUIS - USA
1905 LIEGE - Belgium
1906 MILAN - Italia
1910 BRUSSELS - Belgium
1913 GHENT - Belgium
1915 SAN FRANCISCO - USA
1929 BARCELONA - Spain
1933 CHICAGO - USA
1935 BRUSSELS – Belgium
1936 STOCKHOLM - Sweden
1937 PARIS – France
1938 HELSINKI – Finland
1939 LIEGE - Belgium
1939 NEW YORK – USA
1947 PARIS - France
1949 STOCKHOLM – Sweden
1949 PORT-AU-PRINCE – Haiti
1949 LYON - France

このような博覧会の発想は，シュヴァリエ（Michel Chevalier, 1806-

1879）らのサン＝シモン主義者によって発展させられ，第二帝政下に実現する。シュヴァリエには，ナポレオン3世による登用時すでに万国博覧会を開催しようとの考えがあったようで，それだけに1851年のロンドン万博（Great Exhibition）には強烈なインパクトをうけたらしい。とりわけ，鉄使用の建築や機械類が展示されたロンドン万博は鉄生産の先進国たるイギリスの存在感を十分にみせつけた。彼は，イギリスに対するフランス産業の遅れに焦りを感じていたからか，イギリスをこえる万博を開催しようという意欲にあふれ，ロンドン万博で除外されていた農業,商業も展示物にくわえることにした。人間にかかわりあるものなら，どんなものでも展示する，つまりこの世の「万有」を提示するという発想である。こうしてパリにおいて，前例のない大規模な「普遍的な博覧会 exposition universelle」が開かれることとなったのである。

■パリ万国博覧会とボルドーワイン出品

皇帝ナポレオン3世は，1853年3月に1855年5月から約5か月間の予定で「農工業製品の万国博覧会」をパリにおいて開催することを決定した[95]。最終的にそれは，「農産物・工業製品・芸術作品の万国博覧会」という名称をとることとなり，生きた動物や危険物など一部の例外を除き，あらゆる国々からの，あらゆる農工業製品，美術品の出品が可能であるとされた。ワインは，パンやコーヒー，精製糖と同じ枠組の食料品製造・保存部門に展示されることになった[96]。こうして，1855年に最初のパリ万博が開催されることになるのである。

ボルドーを県都とするジロンド県の万博委員会では，第1回会議から約8か月間にわたって議論が展開されたが，出品物選定の過程においてワイン出品が議題にあがるのは，ようやく11月のことであり，委員会はそこではじめてブルゴーニュとシャンパーニュからワインが出品されるという情報に接した。そして「長い論議の末」に，県内の葡萄畑所有者らの意向を知るべきとの結論にいたり，とりわけ「格付畑 crus classés」所有者には「特別の招待」のもとに呼びかけることが決定される運びとなった。この過程において，ワイン出品をになうことになったのは当地の商業エリートからなるボルドー商業会議所であった。

会議所出品のワインは，1855年3月下旬にはパリにむけて送付された。次節で言及するボルドーワインの「1855年格付」が確立するのは，その3週間後のことである。会議所によって出品された格付クリュは34あり，そのうち赤ワインが24クリュを占め，それらはすべて1855年格付に名をつらねることになった。換言すれば，各等級から3～5の格付クリュが会議所によって実際に出品された形になっている（**表11**）。ボルドーの上質ワインは，ブルゴーニュやシャンパーニュのワインなどとともに高い評価をうけ，従来にもましてその名を世界中に知らしめることになった。

表11　万博出品ワインと1855年格付の比較

〔典拠：Markham Jr.（1997）：504-505より作製〕

等級	会議所出品の格付クリュ数	1855年格付のクリュ数
第1級	3	4
第2級	5	12
第3級	5	14
第4級	4	11
第5級	3	17
格付外	3	-
計	23	58

つづく1867年のパリ万国博覧会もまた，1855年と同様のしかたでワインが展示され，ワインのイメージを増幅させる役割を果たす。既述のとおり，この万博においてルイ・パストゥールは酸化がバクテリアを原因と考えてこれを殺菌する方法を発表し，グランプリを受賞することになる。この万博では，レストランと食生活のギャラリーも充実化し，ドイツ語圏諸国の出展ビアホール（ブラスリー）が評判になった。これをきっかけに，フランスでビール飲む習慣広がったともいわれる。シュヴァリエが作成した万博委員会報告には，アルザス，バイエルン，オー

ストリアのビールが秀逸である旨が記載された。

万博開催に執念をみせた皇帝ナポレオン3世は，「万国博覧会はたんなるバザールではない。それは諸国民の力と天才が輝かしく示される展覧会である」（1863年）と力説した。ここに表明されているように，万博の理念とは，まさに一国の底力を結集し世界に示す祭典でもあった。こうしてワインの展示は，世界にむけてフランスワインの実力をみせつけようとする試みでもあったのであり，ボルドー産ワインはブルゴーニュ地方やシャンパーニュ地方とならんでその中心に君臨していた。以上のようにして，ワインはパリ万国博覧会という国家的行事をつうじて世界へと発信され，ワインの国フランスのイメージが形成・強化されていくことになるのである。

コラム8 「ブランド」の名声

パリの伝統的手工業製品（articles de Paris）は，高度な職人的技能の産物として従来から欧州で人気を誇っていたが，パリ万博を機にそれが本格化し，これがおしゃれの国フランスのイメージを形成する要因にもなった。

1867年のパリ万博では，宝飾品のBoucheron（金賞）をはじめ，Hermès, Louis Vuitton（銅賞）や，その他，Baccarat〔ワイングラス，クリスタル製品〕，Guerlain〔香水〕などが高い評価をうけた。

Louis Vuittonは，元来，上流社会のための旅行用ケース製作していた。当初，素材は湿気を防ぐためビニール材が使用され，荷物の上げ下ろしでついた傷を目だたせないようにLVマークをいれた。

Hermèsは，高級馬具商として誕生し，第2回万博にてグランプリを受賞し，ナポレオン3世やロシア皇帝などのご用達馬具商になった。Cartierも，ナポレオン3世の寵をうけ，しだいに上流社会の顧客をもつようになった。

［5］ワインのブランド化

■ボルドーワインの1855年格付

18世紀にはいるころから，フランスではエリートのワインと民衆のワインへの二極化がそれまで以上に大きく進行し，これと並行してボルドー地方でもメドック産ワインが台頭するとともに，産地（クリュ）間の序列化が進展した。この現象を明示的に表現するのが，さまざまな人びとによって試みられた各種の格付であり，その延長線上にいわゆるボルドーワインの格付（正確には「ジロンド県産ワインの格付」）がある。

1855年格付に関する説明は，事実に反する流言が飛びかうワイン史関連事項のひとつである。ある者は，ナポレオン3世が1855年万博のさいに考案し，ボルドー商業会議所が取引の実績とシャトーの格式等を考慮して決定したと説明し，またある者は，当該格付が万博出品に関する「協賛金拠出負担台帳」であるなどと主張する［山本 博（2000）: 237；安間（2001）: 220-229］。これらのいずれも根拠に乏しい説明であるが，より正しい事実にアプローチするには，よくできた専門書を一冊だけ参照すれば十分である[97]。その好例として，ワイン専門家を養成する教育機関 WSET の解説書から，1855年格付に関する説明を参照しよう[98]。

これによれば，“... the Bordeaux Chamber of Commerce was approached to produce an official list of their best wines” とあり，さらに “They delegated the task to a panel of brokers and a list was drawn up that classified the red wines of the Médoc and the white wines of Sauternes. The list was based on existing unofficial classification and the prices that the various wines had been fetching on the market” と明記される。

すなわちここには，ボルドーワインの1855年格付の成立事情について，パリ万国博覧会の開催をきっかけとして，ボルドー商業会議所とワイン仲買人がその作成にたずさわったこと，格付のヒエラルキーが価格にもとづくこと，などが正しく指摘されている。しかし，これでは歴史的背景についての説明がまだ不十分であることは否めないため，他のしっかりした資料でもう少し補足する必要がある。

まずは，1855年格付ができたのとほぼ同時代の記録を参照してみよう。パリをはじめマルセイユ，ル・アーヴル，ナントなどの港湾都市との比較にもとづきつつボルドーの街について観察したシモナンは，ボルドーワインの格付を「人が公的に偉大なるワイン（grands vins），格付ワイン（vins classés）と呼ぶものをなす…5等級からなるクリュ」と表現し，そ

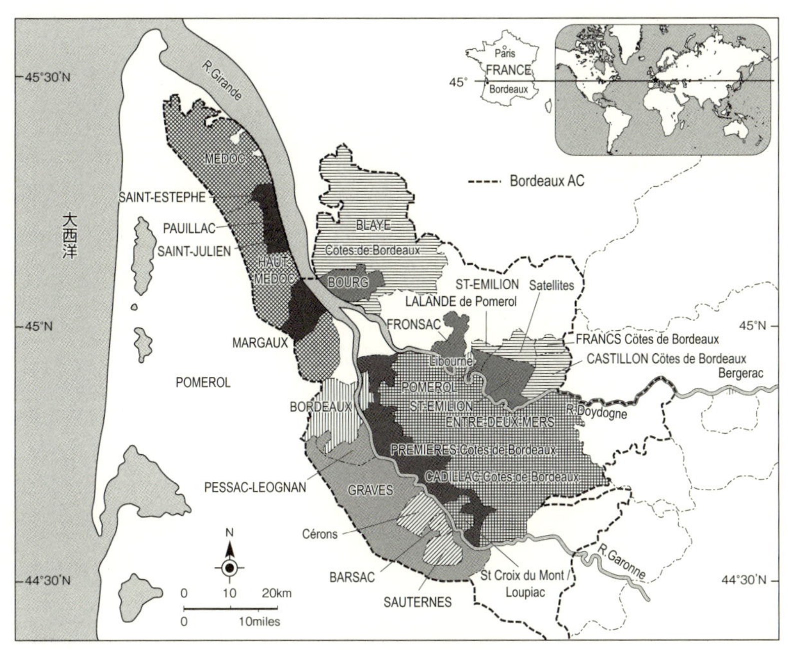

図 34　ボルドー地方の産地
〔各種資料より筆者が作製〕

れが「慣習によって命ぜられた法」であるとする［Simonin (1878) : 88-92］。同じく，同時代にワイン関連のすぐれた書籍を出版していたフェレは，その『ボルドーとそのワイン』第2版（1868年）において，1855年格付が「仲立人組合（Syndics et adjoints des courtiers de commerce）によって制定された最近の公的資料」であり，「きわめて長い時間をかけて主要なワイン産地が獲得した平均価格と長期にわたる観察のたまもの」と説明する［Cocks (1868) : 90］。両者ともに，1855年格付を「公的」なものであると性格づけるところが重要である。これらの記述をうけて，ボルドーワイン史研究の重鎮ルディエは，1855年格付が格付の歴史におけるひとつの到達点であること，それが仲立人組合という政府認可にもとづく組織によって作成されたがゆえに公的な性格もつものであること，などを指摘した。

以上に共通するのは，第一に，格付が商業関係者の手になることを指摘している点であり，そこに葡萄畑所有者の関与はみられなかったということである。換言すれば，1855年格付は売手側が消費者にむけて発した商品カタログのようなもの，というわけである。第二に，格付が「公的」なものとみなされる点でも共通する。この「公的」側面により，当該格付には一定の権威が生じたとされる［Roudié, 2e éd.,（1994）: 137-141］[99]。いずれにせよ，1855年格付はあたかも魔法の言葉であるかのように普及，固定化し現在にいたる。

さて，この1855年格付で対象とされたワイン（クリュ）は，その数においても，またその所在地についてもきわめて限定されている。**表12**は赤ワインについてのものである。赤ワインについてはそのほとんどがオ＝メドック（Haut-Médoc）地区を対象とし，白ワインではソテルネ（Sauternais）地区の甘口ワインのみが対象とされる。赤ワインについては58クリュが5等級に分類され〔第1級4クリュ，第2級12クリュ，第3級14クリュ，第4級11クリュ，第5級17クリュ〕，白ワインについては特級に格付けられたシャトー・ディケム（Château d' Yquem）をはじめ，第1等級に9クリュ，第2等級に11クリュが格付けられた（章末の補足資料にある格付リストを参照）。

表12　1855年格付シャトーの村別分布（赤ワイン）[100]

村	数
ポイヤク（Pauillac）	15
マルゴ（Margaux）	11
サン＝ジュリアン（St-Julien）	9
カントナク（Cantenac）	8
サン＝テステフ（St-Estèphe）	6
サン＝ロラン（St-Laurent）	3
ラバルド（Labarde）	2
リュドン（Ludon），アルサク（Arsac），マコ（Macau），ペサク（Pessac）	各1
計	58

■ブルゴーニュ産ワインの格付

では，ブルゴーニュの場合はどうだろうか。ワインの産地呼称は，中世以来，都市名や村名を冠して呼ばれることが一般的だったが（既述），評価対象は時間経過とともに村単位から畑単位へとしだいに細分化していった。このことは，ワインの品質が向上していったようすとともに，

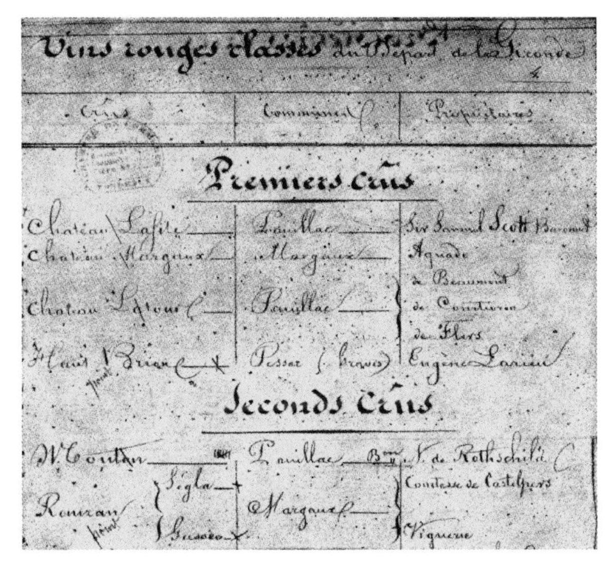

Vins rouges classés du Départ de la Gironde

Crus	Communes	Propriétaires
Premiers crus		
Château Lafite	Pauillac	Sir Samuel Scott Baronet
Château Margaux	Margaux	Aguado
Château Latour	Pauillac	de Beaumont de Courtivron de Flers
Haut Brion	Pessac (Graves)	Eugène Larrieu
Seconds Crus		
Mouton	Pauillac	N. de Rothschild
Rauzan Ségla	Margaux	Comtesse de Castelpers
Rauzan Gassies		Viguerie

図 35　1855 年のジロンド県産赤ワイン格付（一部）

〔出典：René Pijassou, *Un grand vignoble de qualité: Le Médoc,* 2 vol., 1980, t.II, p.1271.〕

ワインに対する嗜好の深まりや鑑定の厳格化が進行したことを示唆する［野村（2017b）］。

くわえて，すでに述べたように大革命期の土地改革は葡萄畑の所有関係に無視できない大変動をもたらした。これにより，おのおのの葡萄畑とその所有者が一対一で対応しないことも多くなった。つまり，ひとつの名称をもつ葡萄畑に複数の所有者が存在するという事態がしばしばである。なお 19 世紀半ばまで，ブルゴーニュ地方では複数品種のブレンドが主流で，それによってワインの品質に「フィネス」（繊細さ，上品さ）をあたえることができるとされ，ピノ・ノワールにシャルドネ，ピノ・グリ，ピノ・ブランなどの白葡萄をブレンドすることが一般的だった。それに対して，上質ワインとして台頭してきたのは現在のような単一品種ワインである。

以上のような事情をふまえたうえで，ブルゴーニュ産ワインの格付について考えてみよう。現在，ブルゴーニュのワイン世界において格付といえば，葡萄畑ごとの優劣を法制化したものである。たとえば，シャンベルタンやロマネ＝コンティの畑がグラン・クリュである，というようにである。これを歴史的にさかのぼると，遅くとも19世紀半ばに発表されたコート＝ドール県を対象とするラヴァルの格付にいきつく[101]。ラヴァルの記述によれば，赤ワイン（**表13**）については「傑出したワイン」のなかで「最高級 tête de cuvée」が頂点に位置し，さらにそれが「第一最高級ワイン」と「第二最高級ワイン」に分類される。この二つの等級にリストアップされている畑名をみればわかるように，その多くが現在グラン・クリュに名をつらねる。白ワイン（**表14**）のばあいは，「傑出したワイン」にピュリニ村にあるモンラシェの畑のみが記され，その他は第1等級という位置づけとされており，現在とは様相が大きく異なる（章末の補足資料にある格付リストを参照）。

このラヴァルの格付は，1862年のロンドン万博に出品を控えたボーヌ農業委員会も踏襲することとなり，ブルゴーニュ産ワインの格付が明文化された形で後世に伝えられることになった［Garrier (1995) : 251］〔翻訳［ガリエ(2004) : 249］〕。いいかえれば，ブルゴーニュ産ワインの格付とは，中世以来のワイン産地呼称が

表13　ラヴァルの格付（赤ワイン）

Des vins hors ligne
Tête de cuvée no.1
Romanée-Conti à Vosne
Clos de Vougeot
Chambertin et clos de Bèze à Gevrey
Clos de Tart, partie des Bonnes-Mares et Lambray à Morey
Corton à Aloxe (en partie)
Musigny à Chambolle
Richebourg et Tâche à Vosne
Romanée-Saint-Vivant à Vosne (une partie)
Saint-Georges à Nuits
Tête de cuvée no.2
Beaux-Monts à Vosne
Boudots, Cailles, Cras, Murgers, Porrets, Pruliers, Thorey et Vaucrains à Nuits
Caillerets et Champans à Volnay
Clavoillon à Puligny
Clos-Morgeot　à Chassagne
Clos-Saint-Jacques, Mazy et Varoilles à Gevrey
Clos-Sant-Jean et Clos-Pitois à Chassagne
Clons-Tavannes et Noyer-Bart à Santenay
Corton à Aloxe
Corvées, Didiers et Forêts à Premeaux
Echézeaux à Flagey
Fèves et Grèves à Beaune
Perrière à Fixin
Romanée-Saint-Vivant à Vosne (une partie)
Santenot à Meursault

表14　ラヴァルの格付（白ワイン）

Vins blancs　hors ligne
Montrachet à Puligny
Première cuvée
Bâtard-Montrachet à Puligny, Perrières à Meursault, Corton à Aloxe
Charmes, Combettes, Genevrières et Goutte-d'Or à Meursault, Charlemagne à Pernant
etc.

〔いずれの表もLavalle (1855) より筆者が作製〕

細分化し，かつ葡萄畑間の序列が鮮明化していく延長線上にあるラヴァルの格付によってより自覚的に明示され，それが時代とともに変更をともないつつ現代にいたる歴史的展開の結果であるということができる。このように，葡萄畑（「クリマ」とも）間の優劣にしたがって格付が定められるという側面は，ボルドーの場合とは異なる大きな特徴をなしている。

【註】

79　葡萄畑面積は，1730年代から増加傾向にあった。Lachiver (1988) : 393. これにともなって，フランスの中央政府がワイン生産を抑制しようとする施策が試みられたことは第IV章においてすでにみたとおりである。

80　http://www.annales.org/archives/x/simonin.html; http://data.bnf.fr/11924870/louis-laurent_simonin/［consulté le 18 septembre 2015］

81　野村（2015）。ここで目をひくのは，ウドンコ病の蔓延の結果，植樹される葡萄品種が限定化，固定化する傾向が強化されたとするルディエの仮説である。つまり，現在みるような地域ごとに最適な品種（例：ボルドーならば，黒葡萄にカベルネ・ソヴィニョン，メルロなど）が優先的に植えられるようになったというのである［Roudié, 2e éd., (1994): 96］。ここで，すでに学習したボルドーとブルゴーニュの代表的な品種名が頭のなかに次々と展開している読者は，＜ワイン知による洗脳＞が順調に進行している状態にある。

82　マネが頭角をあらわして，既存のアカデミズムに抗して印象派への道を開き，そののちモネ，ドガがつづく。ちなみに，ロマン派音楽ベルリオーズ（幻想交響曲）は，才能を認められないまま寂しく世を去る。

83　代表的な著作として，*Culture de la vigne et vinification,* 1860 ; *Sur la viticulture de l'ouest de la France. Rapport, etc,* 1866 ; *Étude des vignobles de France pour servir a‘ l'enseignement mutuel de la viticulture et de la vinification francaises,* 1868 などがある。

84　ジロンド県の農学教授。主著は，ボルドー地方の葡萄畑に関する Petit-Lafitte（1868）。

85　アルコール発酵のメカニズムについては，ラヴォワジェ（Lavoisier, 1743-1794）やゲ＝リュサク（Gay-Lussac, 1778-1850）らが1分子の糖から2分子のアルコールが生ずることを明らかにした。化学式は，$C_6H_{12}O_6$（グルコース）→ $2C_2H_5OH$（エタノール）$+2CO_2$ であたえられる。なお化学的業績の歴史については，廣田（2013）を参照。

86　シャントゥル伯爵シャプタル（Jean-Antoine Chaptal, comte de Chanteloup, 1756-1832）は，フランス南部ロゼール県に生まれた化学者で，1800年にナポレオンの内務大臣に起用されたのち，1804年には元老院議員となった。ナポレオン没落後も厚遇されたが，息子の借金のため困窮し，貧困のうちに1832年パリにおいてひっそりと息をひきとった。亡骸はパリのペール＝ラシェーズ墓地に埋葬されている。主著に，*L' art de faire le vin,* 1801（2e éd., 1807; 3e éd., 1839）; *Chimie appliquée à l' agriculture,* Paris, 1823 などがある。

87　Jean-Antoine Chaptal, 3e éd., (1839) : 122.　初版は1801年，第2版は1807年に刊行。

88　補糖にかかわるワインづくりの諸問題については，野村（2015）に詳しい。

89　パストゥール（Louis Pasteur, 1822-1895）は，フランス東部のジュラ県に生まれ，パリ郊外のマルヌ＝ラ＝コケットにて他界する。微生物の研究によって知られる化学者であり，狂犬病ワクチンの開発によっても有名である。主著に，パストゥリザシオンについて記述される研究書 *Études sur le vin*（1866）がある。

90　余暇については，Corbin（1995）（翻訳は コルバン（2010））がとても勉強になる。

91　フランス語の «sommelier» は，もともと13世紀に「駄獣使い」（荷物を運ぶ使役動物の使い手）を意味し，14世紀初頭になると宮廷の旅行に際して荷物の管理と運搬を司る役人をさした。ワインとかかわる責任者という意味が明確化するのは17世紀後半からで，19世紀初頭に「ホテルのソムリエ」という表現も出現した。*Trésor de la langue française informatisé,* article «sommelier»［consulté le 3 novembre 2017］. 以上にみる原義に照らせば，わが国で乱用される「○○ソムリエ」という数々の表現は曲解であるどころか，だらしのない感じさえして，筆者などはテレビなどで耳にするたびに目まいがする。

92　これらの美食家についての学術的研究は，わが国では長らくみられなかったが，近年になって橋本周子による好著が刊行された［橋本（2014)］。

93　Brillat-Savarin, *Physiologie du goût, ou méditations de gastronomie transcendante,* Paris, 1826. 筆者が参照したのは，これの1869年版である。邦訳に，ブリア＝サヴァラン『美味礼賛』（上・下），関根秀雄・戸部松実（訳），岩波書店（岩波文庫），1967年。

94　パリ万国博覧会については，多くの書物が刊行されている。［鹿島茂『絶景，パリ万国博覧会：サン＝シモンの鉄の夢』河出書房新社（1992）；寺本敬子『パリ万国博覧会とジャポニスムの誕生』（思文閣出版）（2017)］。また，パリ万博開催から150周年を記念して，フランス本国では各種の図絵が出版された。Marc Gaillard, *Paris, les expositions universelles de 1855 à 1937,* Paris, 2003; Béatrice de Andia (dir.), *Les expositions universelles à Paris de 1855 à 1937,* Paris, 2005; Sylvain Ageorges , *Sur les traces des expositions universelles 1855 Paris 1937: à la recherche des pavillon et des monuments oubliés,* Paris, 2006; Christiane Demeulenaere-Douyère (dir.), *Exotiques expositions...Les expositions universelles et les cultures extra-européennes France, 1855-1937,* Paris, 2010. それ以外では以下の書籍が参考になる。吉田光邦（編）『図説　万国博覧会史　1851-1942』思文閣出版（1985年）；吉田光邦（編）『万国博覧会の研究』同朋社（1986年）；伊藤真実子『明治日本と万国博覧会』吉川弘文館（2008年）。

95　1851年ロンドン万博が開催されるや，ナポレオン3世は，コンコルド広場からシャンゼリゼをルーヴル宮にむかう途中の地点で，セーヌ川沿いに位置する場所に1855年パリ万博の会場となる産業宮（Palais des Industries）建設するよう，すぐさま命じた（1852年3月27日デクレ）。Isay (1937) : 41.

96　以下，ボルドーからのワイン出品に関しては野村（2017b）を参照。

97　日本語で読める学術論文としては，たとえば野村（2005）; 野村（2017a）; 野村（2017b）がある。

98　Wine & Spirit Education Trust (2011) : 83.

99　なお，シモナンとフェレにみられる「公的」の原語は «officiel» という形容詞である。この語の名詞形は «office» である。その語源は，ラテン語の“officium (< opus+facio)”で，これは「業務，職務」という意味である。ルディエの用語法は，これをうけついでいるものといえる。正確にいえば，それは「政府や行政などの官に属する」,「合法的性格をもつ」という意味で，その対義語は「民」である。しかし,「官」がかならずしも「公」を代表するわけではないから,「公的な」という訳出は実をいうと不十分である。とはいえ「官的」などと訳しても日本語としてピンとこず，適訳がみつかるまではさしあたり「公的な」としておくしかない。

100　Lachiver (1988) : 364-365 より作製。

101　Lavalle (1855).

【補足資料】

◇◇第Ⅴ章の最後に

＊＊　ちょっとひと息　＊＊＊＊

●マリアージュのこと

学生NK　チーズとワインは相性いいのでしょうか。おすすめの食べあわせを教えてください！

教員　ワインと食べものの食べあわせを，フランス語では「マリアージュ」といいます。チーズとのマリアージュですが，一般的にいってあまりよくはない，というのが通説です。もう少し正確にいえば，マリアージュが難しい！といったところでしょうか。チーズはクセが強いものが多く，選択をまちがえるとワインのほうが力負けしてしまいます。ですから，まずはマリアージュの公式を基本としておさえておいて，それから自分なりの応用をしていくことをおすすめします。「マリアージュの公式」については，いずれ簡単に触れる予定です。

学生H　「マリアージュ」がフランス語で，「結婚」を意味しているなんて知りませんでした。これは勉強になりました。

学生M　私も勉強になりました♪ドイツ語をとっているのでよくわからないんですが，「マリアージュ」ってフランス語だったんですね☆

教員　そうそう，フランス語。mariageと綴ります。思いーーーっきりフランス語です〔ちなみに，英語ではmarriageです。アールが一つ多いので要注意です〕。あ，それから，ドイツ語をとっているきみぃ，ついでに言っておきますとドイツ語で結婚はHeirat（ハイラート）ですぞ～。

●キールとは

学生SS　キールでつかわれるクレム・ド・カシスの「クレム」ってなんですか？あと，普通のカシスリキュールではダメですか？

教員　「クレム」とは英語で「クリーム」ですが，その言葉から抱くイメージではありません。「クレム」とはリキュールを意味し，「クレム・ド・カシス」でひとつの名称なので，部分的にとりあげてもあまり意味はないように思います。ブルゴーニュ産の最良品がクレム・ド・カシスですが，白ワインに普通のカシスリキュールをくわえた場合，厳密には「キール」とはいえないですね。安上がりにつくることのできる「なんちゃってキール」です。キールもブルゴーニュで開発されたものですから，もっとも厳格にいえば，クレム・ド・カシスとブルゴーニュの白ワインを混合したものがキールだということになりましょう。もっと厳密に言えば，白ワインはアリゴテ種使用のものがキールです。

●パストゥールと酒石酸

教員　パストゥールのワイン醸造への貢献について言及しましたが，あれだけ偉い研究者のことですから，他の授業でも話題になることはあるのでしょうね。

学生NM　違う授業で仕入れました（笑）パストゥールが光学異性体を発見したということで紹介されていました。その発見にいたったもとの研究は，ワイン中にできる結晶である酒石酸についてだったようです。

教員　ほほ〜う。そうなんですか〜！

学生NM　ワイン農家のかたが，「ワインの樽の下の出口が詰まって困る」とパストゥールに相談し，彼が調べてみると酒石酸が原因だったそうなのです。もっと詳しく調べると，人工的につくる酒石酸には右型と左型の2種類ができるのに，ワイン中には左型しかなかったそうです。…

教員　な，なるほど〜（思考停止）

学生NM　（そんな教員のようすに目もくれず）人間の体内のアミノ酸にも右型と左型があるのですが，体内には左型のものしかないらしいです。生物がかかわると，左型のものしかできないのか？と考えはじめたのがきっかけだったようですね。

教員　へへえ〜〜（脳ミソ死亡）

学生NM　自分でも長くて，しかもよくわからなくなってきました♪（^^ゞ

教員　ははは^_^;（こっちは3分前から意識ないわい）

●ナポレオンが缶詰発明のきっかけ？

学生FM　ナポレオンが遠征するときの食料を保存する方法を募集した結果，缶詰がうまれたというのを読んだことがあります。本当ですか⁉

教員　ナポレオンをめぐる俗説については，本講義で次々と論破しているわけですが，まだまだありそうですね（笑）

さて，缶詰ですが，「缶」というのは金属製の容器のことですから，それなら18世紀後半のオランダ海軍が食品保存のためにブリキ製の容器を使用していたという記録があります。フランスでも，1810年以前にバターやオイルに浸したイワシを保存するために使用していた形跡があります。

ナポレオンがかかわるのは，ニコラ・アペール（Nicolas Appert）が1810年に皇帝政府から懸賞金を得て食品保存法を研究したときです。ただし，アペールが食品保存に選んだのは瓶だったとのことですので，「缶詰」ではなくて，「瓶詰」ということになりますかね。彼は，シャンパーニュ地方のワインづくりを熟知していましたので，そこでつかわれる強度の強い瓶の存在を知っていました。そう，シャンパーニュは発泡性ワインで有名なところですから，強度のある瓶が使用されていたわけです！当時のフランスでは，イギリスにくらべ金属製容器の生産技術が遅れていましたので，強度の点からはシャンパーニュワインに使用される瓶が優れていたのです。

さて，同じ1810年，アペールから半年ほど遅れて，イギリスではピーター・デュランド（Peter Durand）が缶詰の特許を英国政府から取得します。彼は，いろいろ試したあげくに，錫製の缶を使用することにしました。ただ，彼は食品保存法を考えだしたわけではなくて，アペールの方法を応用したようです。このあたりの経緯はごちゃごちゃしていてわかりにくいのですが，ア

ペールは自分こそが食品保存法の発明者であると抗議していたようです。しかし，当時のイギリスはまさにすさまじい勢いで世界の七つの海を支配していく国です。缶詰生産がまたたくまに発展し，世界に進出するイギリス海軍の食糧事情改善に大きく貢献したわけです。

以上より，より正確にいえば，ナポレオンが積極的にかかわったのは「瓶詰」の開発ということになるでしょう。「缶詰」ということになると，どうやらオランダあたりに起源がありそうですが，それを一般化したとなるとイギリスだ，という風に答えざるをえないように思われます。

本講義で強調していることですが，ものごとというのは，一刀両断にできないことが多いものです。「常識」に疑いをもって，真相を考えていくという営為は，ネット時代の現代にこそ求められる知的行為だと思います。その意味で，今回のFMさんはじめ，みなさんは果敢に「常識」に攻めこみ，さまざまに「歴史的思考」をめぐらせているようで，まことにけっこうなことだと思います。将来わが国で「フランス革命」に匹敵する大変革がおきたとき，革命派リーダとなるのは，まちがいなくあなたがたのような人材でしょう。

●1855年格付のこと

教員　1855年格付の問題はまだまだ解明すべきことが多く，研究している本人もこの先どうなっていくことやら…という感じなのですが，みなさんついて来れてますでしょうか。

学生A　格付の話のところで，のちにアメリカ合衆国大統領になるトマス・ジェファースンがでてきたので驚きました。まさかワインの格付までやっていたとは…。

教員　そういう発見がひとつでもあると，頭を悩ませて授業を準備する甲斐があるってもんですな。

学生I　この授業はおもしろいので，「だるい」とか「さぼろう」とかいう気になりません♪

教員　およよ。そんなにおだてて何か企んでるんかいな？（-_-)

学生I　いえいえ，めっそうもない〜っ！

教員　ならばよいのですが（笑）

学生I　でも，格付やワインのことを勉強しながら試飲できたら，頭だけでなく舌でも覚えられたのに…と残念です。

教員　たしかに，それは残念なことなのです。授業をする側もあれこれと工夫をしてはみるのですが，テーマによっては難しいこともあります。ワインのことなんてその最たるものですね。しかし，実際に飲むということになったとしましょうよ。ボルドーの5大シャトーの話をしつつ，そのワインを試飲するということにしましょうよ。ではそのとき，ワイン代金をいったい誰が払うのでしょう⁉とまあ，そういう悩みもでてきますわな。

学生I　それもそうですねぇ〜。残念です。

教員　まったくです（×_×）

学生H　友達の誕生日のついでに，M越の地下に行ってChâteau Margauxの2003年を買いました。県庁裏通りにあるチーズ専門店で買ったチーズと一緒に飲みましたが，すげーおいしかったです。

教員　くぉの〜，学生の分際で〜 (-_-)

学生H　(誇らしげにブションを教員に見せる) これです。〔注　「ブション」とはコルク栓のこと〕

教員　むむむ…。2003年といえば酷暑の年。葡萄の出来は凡庸で，他の年にくらべて早く熟成がすすむため，すでに飲み頃を迎えているとの噂もある。だからだろうか，ブションとはいえ，豊潤で複雑な構成を想起させる芳香…(余韻)。いつも飲んでいるブツとは明らかに違うぜ。

学生Y　一般に，酒類は原料，製法により味が大きく変わりますが，ジェファースンの格付と現代にいたる1855年格付があまり変わらないのは，原料や製法が昔から変わっていないからだ，と思っていいのでしょうか。

教員　いえいえ，原料はともかく，製法は大きく変わってきています。温度管理できる発酵タンクなんて，19世紀にはなかったものですし，そもそも収穫の際に機械を使うなんて現代特有です。そのような技術革新によって大きく変化したのは，大量生産できるようになったということでしょう。

第二に，品質に関しても比較的安定的にすることが可能になった，ともいえましょう。とはいえ，グランクリュのレベルになると，おいそれと機械化できない部分もあります。たとえば機械収穫だと，かつては葡萄の成熟度を熟練の専門家が手にとって確かめ，天気の変化とにらめっこしながら，それーっとばかりに収穫していたものです (現在でもそういうところは少なくない)。それとは対照的に，人間がまったく干渉できない領域がアルコール発酵の場面です。発酵開始までは，あれやこれやと人間が環境を整えることはできます。しかし一端アルコール発酵が開始されるや，手も足もでないそうです。あとは自然の摂理に任せるしかないのです。もともとワインが神の造りたもうた奇蹟とも考えられたゆえんです。

そして何よりも (授業でも強調したことですが)，そもそもわれわれ人間側の味覚も時代とともに変化しています。だって，同じ時代に生きている人間のあいだにだってさまざまな味覚の持ち主がいるのですよ。なかには，何にでもマヨネーズをぶっかけて，おいしいおいしいと食べている人もいるではないですか (世間ではこの手の類を「バカ舌」と呼んでいますが…)。

総合的に考えると，ご質問への回答は「変わっていないとは言えない，けれどかわったとも断言できない」という中途半端なものにならざるをえません。いろいろな生産者が，いろいろな生産法を試行錯誤しているといったところでしょうか。最近の健康ブームで流行の「ビオ・ワイン」，「自然派ワイン」とか有機農法を売りにしているワインなんて，その典型でしょう (ここでは詳細を省きます)。

問題を1855年格付に絞りましょう。その制定から160年ほどが経過しているわけでして，そのときの評価と現在の評価が異なっても，なんら不思議はありません。じじつ，格付リストにないワインが多く健闘しています。では，1855年格付を見直せばいいじゃないか，という意見もでてきますね。たしかにそうです。正論です。しかし，授業で分析しましたように，あの格付の制定過程にはボルドーという都市の指導的立場の人びとが関係していましたね。そう，ワインの領域に政治権力や社会的エリートの影響力が作用していたというわけです。いいかえれば，ワインないし葡萄畑そのものを純粋に評価した結果ではない，というのがひとつの大きな結論でした。世の中きれいごとだけではすすまない，ということを暗に示しているともいえるかもしれません。

一般的にボルドーは中央への対抗心が強い街なのですが，19世紀の時点において，それはひとつに1855年格付をめぐる動きにも表現されたのだ，ということを講義で確認したのでした。それは，自己のアイデンティティをワインという生産物をとおして主張するという側面，とでも言いかえられましょうか。つまりボルドーの大商人層（ネゴシアン）が中心となり，万国博覧会という世界に視野の開かれた催しを利用して，地元のワインをフランス国内だけではなくて世界中に知らしめようとする態度です。ここにボルドー人としての矜持がみられるわけです。

ここで注目したのが1855年格付をめぐる諸問題だったわけですが，地元のワインを序列化して格付表を作成し，万国博覧会で展示したという行動は，ボルドーワインの秩序を，格付表という形で可視化して世界に発信するという行為に他なりません。

さらに驚くことは，この格付が現代にまで一定の有効性を保っているということです。質問ノートへの書きこみに「上位4つのシャトーの地位はこれからも揺るがないと思いますか？」というものがありましたが，格付制定時と同じくネゴシアンが力をもつ街でありつづけるかぎり，格付そのものも不動でしょう。なぜって，講義でも強調したように，この格付はワインの純粋な格付なのではなく，政治的・社会的な力が作用した結果なのですから…。

●受講生によるワイン知の実践

学生TM　先生は，落研に所属していた，とか落語に興味ある…とか，そんなことはありませんか？話しかたやギャグセンスから，なんとなく思ったのですが…。

教員　ううう，そんな風にみられていたのか！残念ながら，落研ではありません。落語にとくに興味があるわけでも…。野球をやっていたことはありますがね (^_^;

学生AM　実践でワインをもっと学びたいと思って，イタリアンバーでバイトをはじめました。…フランスでないのが残念ですが (^^ ゞ

教員　おお，やるじゃないですか～。

学生AM　まあ，イタリアンといいながら，何でもありのいいかげんなお店ですが（笑）貧乏学生では買えないようなワインを身近に感じることができるだけうれしいです♪いつか，ソムリエ風にお客様にワインを注げるようになることが目標です♪♪

教員　実践つうじて，よい勉強になることでしょう。じゃあ，ぼくが客になってサービスを受けてあげましょうか？ふっふっふっ。

学生SM　私のバイト先では，バイトはこき使われて大忙しです。このバイト先は山形でも（一応）大御所で，ちょっとフランスを意識した雰囲気づ

くりをしています。一番オススメの（安い）料理コース名は「グラン・クリュ」です。食前酒に「シャルマ」というスパークリングを，赤ワインは「テヌーテ」，白ワインは「リクサス」をお出ししています。3,000円飲み放題プランという値段にみあったものなんでしょうね…。そのうち，自分も飲んでみたいと思います，客として。

教員　ホームページをみてみました。フレンチっぽい印象でしたよ。ソムリエが4人もいる，たいそう立派な感じに映りましたが，実態やいかに（笑）次の山形旅行のときにでも泊まってみて，そのフレンチでワイン飲んでみますかね，偵察がてら♪で，そのとき，きみが料理を運んできてくれるのですか⁇

学生ST　実家に帰省したとき，父が珍しくワインをふるまってきたので，これでもかとばかりに，この講義でえたウロ覚えの知識を披露してやりました。地元で「柿ワイン」なるものをみつけたので，理由をまじえながら，「こんなのワインじゃねえ！」と言ってやりました。普段はまじめに勉強しているかのような印象も植えつけることができたので，自分としては大成功です。

教員　なにかしらお役にたてて光栄でございます。

学生MS　最近，私はワインをみるのが好きになりました！よくスーパーなどでワイン売場にいきます。今までの復習をがっちりしたところ，エチケットが結構読めるようになって，すごくおもしろくなったんです！

教員　ええ話やなあ～。その話，他の受講生にもっと聞かせてあげて！

学生MS　友だちとかをつれて，わざわざワイン売場に行って，少ないながらもっている知識をひけらかしています！これからもいろいろなワインに出会っていきたいです。もう少しでこの講義がおわってしまうのが，寂しいです（゜´Д｀゜）

教員　とかなんとか言っちゃって。もうすぐ楽しい休業ではありませんか～。せっかくの休みですから，そのあいだも怠ることなく，実践をつうじてワインの道をきわめていってくださいまし。

学生OT　春休みの海外放浪の件ですが，なんとか資金が集まり，ミュンヘン・ウィーン・プラハなどに行ってくることになりました。ビールの産地ばかりですが…隠れワイン王国らしいハンガリーにも行ってきますので，楽しみです。

教員　三大貴腐ワインの産地ですから，本場のトカイを満喫してきてください。本場のビールを満喫することも，もちろんお忘れなく。いずれにせよ，よい経験になることと思います。

学生AY　スーパーでワインをよく買うのですが，よく行く店ではそこでは南ア産やチリ産のワインをよく売っています。エチケットは動物などのイラストが描かれていたりと，とてもカラフルです。産地によってエチケットの絵は傾向があるようですね。

教員　あると思いますよ。自分のところの売り物のイメージでもありますから，生産者は工夫をするでしょうしね。フランスみたいな伝統的な生産地は，あまり苦労しなくてもよい生産者が多いわけですが，ヨーロッパ以外の「新世界」はエチケットでも目だちたいところでしょうからねえ。でも，あまりそれが一人歩きしてしまうと，エチケットとワインの乖離ができてしまうことでしょう。授業でやっているように，エチケット解読によってワインの正体を知るということができる，というのがフランスをはじめとするヨーロッパワインですから。

学生KI　私は野村先生の講義をうけたおかげで，将来自分が本当にやりたいことをみつけることができました。小学校からめざしていた職とは180度ちがうのですが（笑）

教員　げげっ。そんな大げさな事態になっとるとですか！（>_<）

学生KI　これからもずっとワインの勉強をつづけていきます。野村先生に会えて本当によかった！ありがとうございます。

教員　なんだかなぁ〜。人の人生に少しでも影響をあたえてしまったとしたら，申しわけないというか何というか…。

●ワインの香りについて

学生WE　樽の香りとは，どのようなものでしょう？これまで南仏のコート＝ロティ（Côte-Rôtie）にあるような土の香りをずっとシラー種（syrah）の香りかと思っていたのですが，フレンチレストランの人に樽の香りだと言われました。

教員　ひえ〜。きみは先のほうを突っ走ってますねー。他の受講生は，これを読んで口をポカーンとあけて，びっくりしているではありませんか。入門編では言及できない事項ですわなあ〜。ま，それはさておき，以下に基本的なことを説明しておきましょう。

樽の香りは，基本的には丁子，黒胡椒，ココア粉末，キャラメル，ナッツ，トーストなどのニュアンスです。樽の内側を火であぶりますので，それがロースト香のニュアンスとしてワインに強く乗り移ることもあります。一方で，アメリカン・オークの樽はヴァニラ香が優越する傾向にあります。ところで，シラー種は，黒胡椒を核とするスパイシーな香りを特徴とします。シラーだけだと品種のパワーが強すぎて飲みづらいので，Côte-Rôtieではヴィオニエ（viognier）などの白品種を混ぜておだやかにします。

さて，「土の香り」という部分についての考察ですが，どのような香りなのか，文字では伝わってきませんから想像でしか答えられません。普通，土とかそこに茂る木とか，下につもっている枯葉が湿った匂いとか（これらのニュアンスをフランス語ではsous-boisといいます），そういった香りを珍重することがありますが（熟成したピノ・ノワールやシャルドネにとりわけ感じることができるのですが），それは「高貴な香り」と一般的に考えられているものです。きみが感じた「土の香り」は，これに近いものなのでしょうか。

ここで，大塚謙一『きき酒のはなし』38頁に記載されているフレーバー・ホイールをみてください。一般的に「土臭い」というのは，ワインの欠陥をあらわす香りの部類です。カビ臭いというのと同類です。こういった欠陥香でなければ，きみが感じた「土臭い」というのは，シラー香と樽香が，いくぶんなりとも時間の経過により熟成したのちに重合してできた香りかもしれません。若いシラー香なら，やはりスパイス香が優越しますから。。。なんとも歯がゆいですね。香りという現象を言語で表現しつくすことの難しさを痛感します。

学生WE　樽の香りを意図的につけてあるワインもあると聞くので，樽の香りはやはり重要なのでしょうか…。

教員　樽による香りづけが重要だと考える生産者が多いのは事実です。葡萄本来のポテンシャル（潜在力）に不足があると考える生産者は，樽で補おうとするかもしれません。あるいは，樽香に価値をおく生産者も，やはり新樽を積極的に使いたがるでしょう。それで，生産者の考えしだいで，新樽比率を上げたり下げたりといったこともあるわけです。新樽を使用するなら，樽を購入しなければなりませんし，樽熟成のあいだは出荷できないわけですから，それなりにコストがかかります。つまり，そういったことができるのは，資金力のある生産者にかぎられます。

世間のワイン飲みには，新樽比率が云々といったことにこだわる向きもあります。ぼくは，どちらかというと葡萄本来のポテンシャルを最大限にひきだしているタイプのつくり手が好きです。樽はあくまで補助手段であるべきです。だから，「樽熟●年」だけを売りにしているワインは避けるのです。

筆者がボルドーに行くと，よく訪れるサン＝テミリオン（Saint-Emilion）の街。地元のワインを飲みながら食事していると，時間がたつのをつい忘れる。あっというまに１本が空く。

ボルドーの 1855 年格付（赤ワイン）　＊ Ch. は Château の略

	1855年当時の名称	現在の名称	所在の村
Premiers Crus	Ch. Lafite	Ch. Lafite-Rothschild	Pauillac
	Ch. Margaux	Ch. Margaux	Margaux
	Ch. Latour	Ch. Latour	Pauillac
	Haut-Brion	Ch. Haut-Brion	Pessac
Deuxièmes Crus	Mouton	Ch. Mouton-Rothschild	Pauillac
	Rauzan-Ségla	Ch. Rauzan-Ségla	Margaux
	Rauzan-Gassies	Ch. Rauzan-Gassies	Margaux
	Léoville	Ch. Léoville-Las-Cases	Saint-Julien
		Ch. Léoville-Poyferré	
		Ch. Léoville-Barton	
	Vivens-Durfort	Ch. Durfort-Vivens	Margaux
	Gruau-Laroze	Ch. Gruaud-Larose	Saint-Julien
	Lascombe	Ch. Lascombes	Margaux
	Brane	Ch. Brane-Cantenac	Cantenac
	Pichon-Longueville	Ch. Pichon-Longueville-Baron	Pauillac
		Ch. Pichon-Longueville-Comtesse-de-Lalande	
	Ducru-Beaucaillou	Ch. Ducru-Beaucaillou	Saint-Julien
	Cos-Destournel	Ch. Cos-d'Estournel	Saint-Estèphe
	Montrose	Ch. Montrose	Saint-Estèphe
Troisièmes Crus	Kirwan	Ch. Kirwan	Cantenac
	Ch. d'Issan	Ch. d'Issan	Cantenac
	Lagrange	Ch. Lagrange	Saint-Julien
	Langoa	Ch. Langoa-Barton	Saint-Julien
	Giscours	Ch. Giscours	Labarde
	Saint-Exupéry	Ch. Malescot-Saint-Exupéry	Margaux
	Boyd	Ch. Boyd-Cantenac	Cantenac
		Ch. Cantenac-Brown	
	Palmer	Ch. Palmer	Cantenac
	Lalagune	Ch. La Lagune	Ludon
	Desmirail	Ch. Desmirail	Cantenac
	Dubignon	-	Margaux
	Calon	Ch. Calon-Ségur	Saint-Estèphe

	Ferrière	Ch. Ferrière	Margaux
	Becker	Ch. Marquis-d'Alesme-Becker	Margaux
Quatrièmes Crus	Saint-Pierre	Ch. Saint-Pierre	Saint-Julien
	Talbot	Ch. Talbot	Saint-Julien
	Duluc	Ch. Branaire-Ducru	Saint-Julien
	Duhart	Ch. Duhart-Milon	Pauillac
	Poujet-Lassale	Ch. Poujet	Cantenac
	Poujet		
	Carnet	Ch. La Tour-Carnet	Saint-Laurent
	Rochet	Ch. Lafon-Rochet	Saint-Estèphe
	Ch. de Beychevele	Ch. Beychevelle	Saint-Julien
	Le Prieuré	Ch. Prieuré-Lichine	Cantenac
	Marquis de Therme	Ch. Marquis de Therme	Margaux
Cinquièmes Crus	Canet	Ch. Pontet-Canet	Pauillac
	Batailley	Ch. Batailley	Pauillac
		Ch. Haut-Batailley	
	Grand-Puy	Ch. Grand-Puy-Lacoste	Pauillac
	Artigues-Arnaud	Ch. Grand-Puy-Ducasse	Pauillac
	Lynch	Ch. Lynch-Bages	Pauillac
	Lynch-Moussas	Ch. Lynch-Moussas	Pauillac
	Dauzac	Ch. Dauzac	Labarde
	Darmailhac	Ch. d'Armailhac	Pauillac
	Le Tertre	Ch. du Tertre	Arsac
	Haut-Bages	Ch. Haut-Bages-Libéral	Pauillac
	Pédesclaux	Ch. Pédesclaux	Pauillac
	Coutenceau	Ch. Belgrave	Saint-Laurent
	Camensac	Ch. Camensac	Saint-Laurent
	Cos-Labory	Ch. Cos-Labory	Saint-Estèphe
	Clerc-Milon	Ch. Clerc-Milon	Pauillac
	Croizet-Bages	Ch. Croizet-Bages	Pauillac
	Cantemerle	Ch. Cantemerle	Macau

ボルドーの 1855 年格付（白ワイン）

等級	1855年当時の名称	現在の名称	所在の村
Premier Cru Supérieur	Yquem	Ch. d'Yquem	Sauternes
Premiers Crus	Latour-Blanche	Ch. La Tour Blanche	Bommes
	Peyraguey	Ch. Lafaurie-Peyraguey	Bommes
		Ch. Clos Haut-Peyragury	Bommes
	Vigneau	Ch. de Rayne-Vigneau	Bommes
	Suduiraut	Ch. Suduiraut	Preignac
	Coutet	Ch. Coutet	Barsac
	Climens	Ch. Climens	Barsac
	Bayle	Ch. Guiraud	Sauternes
	Rieusec	Ch. Rieussec	Fargues
	Rabeaud	Ch. Rabaud-Promis	Bommes
		Ch. Sigalas-Rabaud	Bommes
Deuxièmes Crus	Mirat	Ch. de Myrat	Barsac
	Doisy	Ch. Doisy-Daëne	Barsac
		Ch. Doisy-Védrines	Barsac
		Ch. Doisy-Dubroca	Barsac
	Peixotto	-	Bommes
	D'Arche	Ch. d'Arche	Sauternes
	Filhot	Ch. Filhot	Sauternes
	Broustet-Nérac	Ch. Broustet	Barsac
		Ch. Nairac	Barsac
	Caillou	Ch. Caillou	Barsac
	Suau	Ch. Suau	Barsac
	Malle	Ch. de Malle	Preignac
	Romer	Ch. Romer	Fargues
		Ch. Romer du Hayot	Fargues
	Lamothe	Ch. Lamothe (-Despujols)	Sauternes
		Ch. Lamothe-Guignard	Sauternes

ブルゴーニュのグラン・クリュ　＊R＝赤，B＝白

地区	Appellation Grand Cru（畑名）	村	色
Chablis & Grand Auxerrois	Chablis	Chablis / Fyé / Poinchy	B
Côte de Nuits	Bonnes-Mares	Chambolle-Musigny & Morey-Saint-Denis	R
	Musigny	Chambolle-Musigny	RB
	Chambertin	Gevrey-Chambertin	R
	Chambertin-Clos de Bèze	Gevrey-Chambertin	R
	Chapelle-Chambertin	Gevrey-Chambertin	R
	Charmes-Chambertin	Gevrey-Chambertin	R
	Griotte-Chambertin	Gevrey-Chambertin	R
	Latricières-Chambertin	Gevrey-Chambertin	R
	Mazis-Chambertin	Gevrey-Chambertin	R
	Ruchottes-Chambertin	Gevrey-Chambertin	R
	Mazoyères-Chambertin	Gevrey-Chambertin	R
	Clos Saint-Denis	Morey-Saint-Denis	R
	Clos de La Roche	Morey-Saint-Denis	R
	Clos des Lambrays	Morey-Saint-Denis	R
	Clos de Tart	Morey-Saint-Denis	R
	Clos de Vougeot	Vougeot	R
	Echezeaux	Flagey-Echezeaux	R
	Grands-Echezeaux	Flagey-Echezeaux	R
	Romanée-Conti	Vosne-Romanée	R
	La Romanée	Vosne-Romanée	R
	Romanée-Saint-Vivant	Vosne-Romanée	R
	Richebourg	Vosne-Romanée	R
	La Tâche	Vosne-Romanée	R
	La Grande Rue	Vosne-Romanée	R
Côte de Beaune	Montrachet	Puligny-Montrachet & Chassagne-Montrachet	B
	Bâtard Montrachet	Puligny-Montrachet & Chassagne-Montrachet	B
	Chevalier-Montrachet	Puligny-Montrachet	B
	Criots-Bâtard-Montrachet	Puligny-Montrachet	B
	Bienvenues-Bâtard-Montrachet	Chassagne-Montrachet	B
	Corton	Aloxe-Corton / Ladoix-Serigny / Pernand-Vergelesses	RB
		Aloxe-Corton / Ladoix-Serigny / Pernand-Vergelesses	B
	Corton-Charlemagne	Aloxe-Corton / Ladoix-Serigny / Pernand-Vergelesses	B
	Charlemagne	Aloxe-Corton / Pernand-Vergelesses	B

ワイン文化のグローバル化
— 現代ワインが直面する諸問題 —

【本章の概観】

前章までにみてきたワイン文化史の展開は，フランス国内あるいはヨーロッパ域内のみならず，外部世界との関係によっても特徴づけられることとなった。

もともとヨーロッパ列強は大航海時代を契機として対外進出を強化したが，そうした動向を特徴づけたのは海外諸地域への支配強化という政治的な事象にとどまらない。その背後では，ヒトとモノの交流が活発化し，異文化間の影響関係が緊密になるという事態（いわゆる「コロンブスの交換」も含まれる）も着々と進行していた。このような経過においてワイン文化も例外ではなく，ヨーロッパ人たちは自分たちの到達した新天地にみずからの慣れ親しんだワインだけでなく葡萄樹をもちこみ，ワインづくりを現地でもおこなうようになっていく。まさに，ヨーロッパ列強による植民地化の歴史は，皮肉にもワイン文化が世界に拡散する重要な契機となったのである。

このようにして，「旧世界」から世界に広がることになったワイン産地（「新世界」）の多くは，現代にいたるまでヨーロッパ（しばしばフランス）固有の葡萄品種を栽培し，時として本家を脅かすような高品質ワインをつくりだすようになった。それは，旧宗主国に対するいわば旧植民地の逆襲とさえいえるのかもしれない。

他方，ヨーロッパでのワインづくりにおいては偽造・変造ワインも大きな問題になりはじめた。その結果，20 世紀にはいって確立する原産地統制呼称（AOC）法体制の時代へといたるのである。

Ⅵ　ワイン文化のグローバル化
―現代ワインが直面する諸問題―

［1］ワイン文化の地理的拡散
――または欧米列強による対外進出の背景――

■大航海時代から植民地獲得競争へ（15世紀～19世紀）

大航海時代の到来

一般に，15世紀末のコロンブスによる「西インド諸島」（カリブ海と大西洋のあいだに点在する群島）への到達をもって「大航海時代」が開始するとされる。その後，スペイン軍人バルボアが「新」大陸の存在を確認した（1501年）。大航海時代には，大西洋を横断して，あるいはアフリカ南端の喜望峰を経由してインド洋，太平洋へと海を渡り，ヨー

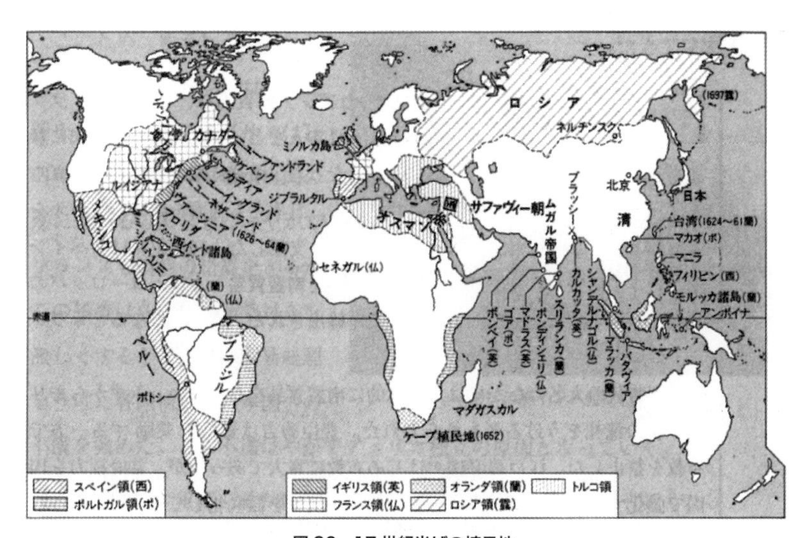

図36　17世紀半ばの植民地

〔出典：山川（1991）：215〕

ロッパ列強による世界各地への進出と支配化がすすめられ，次々と植民地その他の勢力圏がつくられていった。最初はスペインとポルトガルが勢力を二分したが，しだいに力をつけたオランダ，イギリス，フランスが17世紀にはいるころから植民地獲得に参入しはじめた。

ヒトとモノの交流は，クロスビーの表現にしたがえば「コロンブスの交換 Columbian exchange」と呼ばれる，新旧両大陸間にみる大規模な文化的変容をも招来することとなるが，ここにはさまざまな栽培植物，家畜，食物も含まれる[102]。このことは，やがてヨーロッパ人の食生活にも影響をあたえないわけにはいかなかった。とくに，南北アメリカやオセアニアの先住民が絶滅に近い状態に陥る地域さえでてくることになるが，その最大の要因はヨーロッパ人が意図せずにもちこんだ病原菌やウィルス（天然痘ウィルスなど）であったという。したがって，「コロンブスの交換」は新大陸からみると旧大陸に一方的に有利な不等価交換であったと考えることもできる［南 (2015) : 2-3］。

アジア進出の強化

欧米列強によるアジア進出は，もちろんアジア諸国にとって大きなインパクトをあたえることになった。15世紀末以降にスペイン，ポルトガルが世界中に植民地をつくりはじめて以来，アジアにはつねに欧米列強の姿があったといってよい。

スペイン・ポルトガルは，既存の文明を壊すことなく，現地の権力者から通商権を許され商館を設置して，既存の商業網にくいこむ形で香辛料貿易にたずさわった。16世紀においては，ポルトガルによる独占に近い状態がつづいたが，まもなくスペインもメキシコ西岸・フィリピン航路を開設しこれに参入するようになった。

西・葡についで，17世紀にはいるころから進出してきたのはオランダ・イギリス・フランスである。オランダは，1652年にケープ植民地を建設するかたわら，東インド諸島一帯にも勢力圏を広げていった。他方イギリスは，マドラス，ボンベイ，カルカッタに商館をもうけてインド

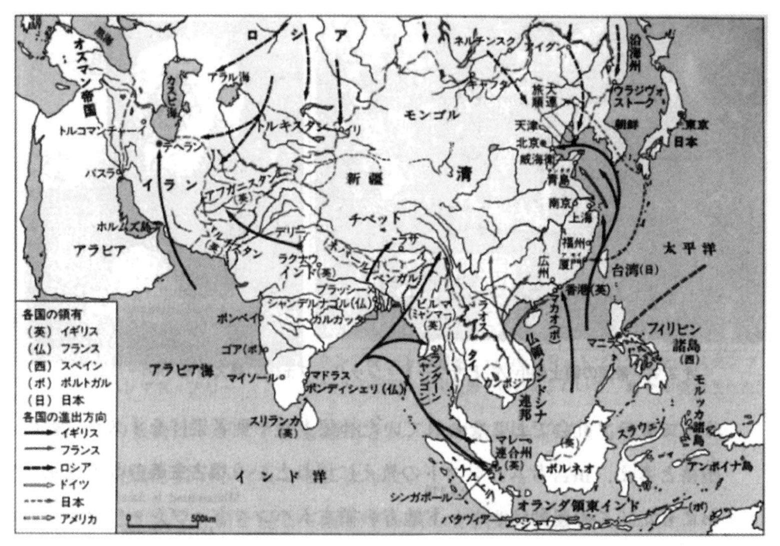

図 37　ヨーロッパ人のアジア進出

〔出典：山川（2009）：181〕

貿易に従事し，同様にフランスもシャンデルナゴル，ポンディシェリにインドにおける商業的拠点をもつにいたった。

18 世紀になると，アジアで活発に進出競争をくりひろげるようになったのは英仏である。18 世紀をつうじて，ヨーロッパでは英仏の抗争が激化したが，それは両国の進出先である新大陸やアジアなどにも波及することになった。1701 年に勃発したスペイン継承戦争においては，1713 年のユトレヒト条約によりフランスがイギリスに対してアカディア，ハドソン湾を譲渡することになった。1740 年にはじまるオーストリア継承戦争は，インドでの戦闘についてはカーナティック戦争（1744 ～ 63 年）とも呼ばれ，この過程でプラッシーの戦い（1757 年）に臨んだイギリスは，フランスと結ぶベンガル太守（パシャ）を打破した。1756 年から約 7 年間つづいた七年戦争では，イギリスがカナダ，ミシシッピ以東ルイジアナ，フロリダ，西インド諸島の一部，セネガルなどを獲得し（1763 年のパリ条約），フランスは北アメリカ大陸に領有していた植民地を喪失した（なお最終的には，1803 年にナポレオンが合衆国にルイジアナを売却して，フランスによる大陸支配が終わった）。1767 年にはインドでマイソール戦争を戦い，勝利したイギリスはインド支配を強化していく。このようにして，7 つの海を支配するイギリスがアジア諸地域において大きな影響力をおよぼす礎が築かれたのである。

このあいだ，18 世紀後半にはプロイセンとロシアが力をつけていき，アメリカがイギリスから独立（1783 年のパリ条約）するなどして，欧米列強間における複雑な関係が成立した。この状況の変化はもちろんアジアにも反映することとなり，19 世紀（とりわけ半ば以降）には欧米列強によるアジア進出がさらに強化された。ここで看過できないのは，ひとつにヨーロッパ内での動向である。オスマン帝国領内で生じたさまざまな政治問題がヨーロッパにとっての外交案件としてもちあがったのにくわえ（東方問題），とりわけ英仏の外交政策とロシアの南下政策とが絡んで，英仏土とロシアとのあいだにクリミア戦争が勃発した（1853 ～ 56 年）。その結果，ロシアはヨーロッパ側での南下政策をあきらめ，オホーツク海側からの南下を画策するようになる。他方で，アメリカ合衆国は西方へと領土を拡大していき，19 世紀半ばには太平洋岸までの領域をその支配下におさめた（フロンティア運動）。アメリカは，さらに太平洋を西へと進出する動きをみせた。こうした米露いずれの動きも，英仏による極東・太平洋地域への進出をうながす重要な契機になった。

アジアでは，19 世紀の半ばまでにイギリスがインド・ビルマやシンガポールなどを支配下におさめる一方で，フランスは東南アジアに目をつけて進出の機会をうかがっていた。英仏は協調して，アヘン戦争（1840 ～ 42 年），アロー戦争（1856 ～ 60 年）に勝利して中国に進出し，天津などを開港させて重要拠点を築き，中国を「半植民地」の状態にした。このあいだ，ナポレオン 3 世のフランスはヌヴェル＝カレドニ（ニューカレドニア）を占領（1853 年）するとともに，インドシナを占領（1862 年）して，のちに仏領インドシナ（1887-1945）となる東南アジア植民地の基礎を築いた。

以上のような欧米列強の動向は，日本にも確実に波及することになった。まず確認しておかねばならないことは，欧米諸国にとって日本が，地理的位置づけからみて「商業の黄金郷」たる中国への寄港地としての側面が強いことである。くわえて，当時の欧米諸国は「鯨油文明」とも称されるほど捕鯨をさかんにおこなっており，日本近海でも同様であった[103]。こうした状況にあって，欧米列強のなかでも，日本開国をめぐって大きな利害を有したのは，とりわけアメリカ合衆国とロシアである。

アメリカ合衆国では，1848 年にカリフォルニア併合が実現されたころ，はやくもサンフランシスコ－上海航路の開設が検討されはじめた。ロシアからの対日使節としては，すでに 18 世紀から 19 世紀への転換期にラクスマンとレザノフが来航しており，そののち 1851 年にはムラヴィエフ使節がサハリン島に派遣された[104]。こうした米露の動きに呼応するかのように，英蘭も日本への来航を試みていた[105]。幕府は，いずれの使節との接触も拒絶し，1825 年（文政 8 年）にはついに異国船打払令を発した。クリミア戦争のときには，英仏がロシアとの戦争で手一杯になっている間隙をついて，アメリカのペリーが江戸湾に来航し，幕府に対してなかば強引に開国を迫った（1854 年の日米和親条約）。その直後，クリミア戦争がひと段落すると，英仏もアメリカと同様に日本に進出すべく条約締結を求めた。こうして，1858 年には欧米列強（米・英・仏・蘭・露）が日本と通商条約（安政の五ヵ国条約とも）を締結して外交・交易関係が築かれるにいたった。

■ヨーロッパ人がもたらした葡萄樹

以上にみる列強の対外進出は，そのままワイン文化の地理的拡大の過程でもあった。それは，主としてアフリカ，南北アメリカ，オセアニアにワインづくりが伝えられたことによる。

チリ，アルゼンチンでは，16 世紀半ばまでにはスペインのカトリック宣教師により葡萄樹が植えられた。チリでは，同国の葡萄栽培の父と呼ばれるオチャガビアがフランスからボルドーの葡萄品種を導入するとと

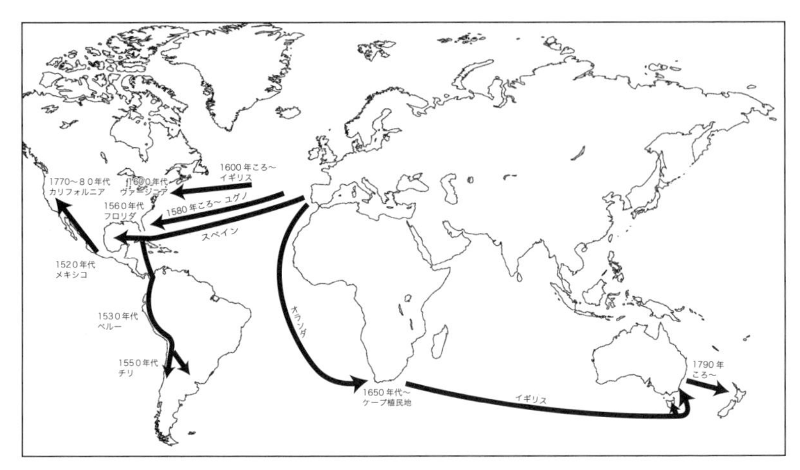

図38　ワイン文化の伝播（1500～1800）
〔Unwin（1996）: 219, Pitte（2009）: 17より作製〕

もに，技術者も招聘してワインづくりに力をいれ，世紀末までにチリワインがヨーロッパでも好評価をうけるまでになった。19世紀後半にはヨーロッパにおいてフィロクセラによる被害が葡萄畑を襲い甚大な被害をもたらしていたが，それ以前にフランスからもちこまれていた葡萄樹は影響をうけることなく現代まで健在である。アルゼンチンでも，19世紀半ばにボルドーの品種がもたらされ，世紀末から20世紀初頭にかけて移住してきたスペイン，イタリアからの移民によってワインづくりがすすめられた。

17世紀の「オランダの覇権」時代になると，オランダ人が進出した南アフリカでは，1655年に東インド会社のヤン・ファン・リーベーク（Jan van Riebeeck）によってケープに葡萄樹が植えられた。1659年に植樹されたコンスタンシア（Constantia）のワインは，19世紀にはマデイラ，トカイとならんで高級甘口ワインとして一世を風靡した。17世紀終わりには，フランスから迫害を逃れて亡命してきた新教徒であるユグノが葡萄栽培にたずさわるようになるが，これらの者たちにはロワール出身者が多かったといわれる。コンスタンシアからやや内陸に位置するフランシュフック（Franschhoek）では，現在でもフランス系移民によってシャンパーニュの発泡性ワインと同じ瓶内二次発酵をもちいた発泡性ワインがつくられ，当地の名産となっている。

北アメリカでは，スペインのフランシスコ修道会セラ神父が1769年にカリフォルニアにおいてミサ用ワインをつくりはじめたことをもって，ワインづくりのはじまりとするのが通説である。そののち1860年ころには，ジャン゠ルイ・ヴィーニュ（Jean-Louis Vignes）がヨーロッパ系品種を導入した。カナダでは，ドイツから移住したヨハン・シラー（Johann Schiller）がオンタリオにおいてワインづくりを開始した（1811年）。

オセアニアに目をうつすと，18世紀，オーストラリアにアーサー・フィリップ（Arthur Phillip）がシドニーにおいて葡萄樹を植えたのがワインづくりの最初であるといわれる。ワイン用の葡萄栽培が本格化したのは，ジェイムズ・バズビー（James Busby）がハンター・ヴァレー（Hunter Valley）においてであり（1825年代），1829年にはトマス・ウォーターズ（Thomas Waters）がスワン（Swan）においてワインづくりを本格化させた。バズビーは，オーストラリアにおけるワイン用葡萄栽培の父と称される。1847年には，ドイツからの移民がバロッサ・ヴァレー（Barossa Valley）に到来した。19世紀末になると，スコットランドからジョン・リドック（John Riddoch）がクナワラ（Coonawarra）に葡萄畑を開いた（1890年）。この過程において，タスマニア（1823年〜），ヴィクトリア（1834年〜），南オーストラリア（1837年〜）でも葡萄栽培がおこなわれるようになっていった。地理的に近いニュージーランドでも，同様にして葡萄畑が開かれていった。19世紀初頭には，シドニーから派遣されたサムエル・マースデン神父が北島ケリケリ（Kerikeri）に葡萄を植樹した。1851年には，フランスの聖マリア会修道士がホークス・ベイ（Hawke's Bay）において商業化を目的とするワインづくりに着手した。

［2］ワイン世界化の裏面史
——原産地統制呼称（AOC）法体制の前史——

■ワインづくりにみる弊害 ——偽造・変造——

貿易自由化のインパクト —1860年の英仏通商条約をめぐって—

1860年1月23日，フランスとイギリスのあいだで秘密裏に通商条約が締結された。この条約締結は，ナポレオン3世の「禁輸体制の廃止」と「大国との通商条約締結」の方針を実行にうつしたもので，フランス産ワインの対英輸出に大きく利したと考えられている[106]。この状況に呼応してワイン業界で声高に表明されたのが，ワインの「質」にかかわるさまざまな言説である。たとえば1860年2月から4月にかけて，ボルドーの地元紙である『ジュルナル・ド・ボルドー』紙が質の改善を力説しつづけたことは，まさにそれにあたるだろう。同紙は，イギリス市場において，それまで優勢でありつづけていた南アフリカ産，スペイン産，ポルトガル産のワインにとってかわるためには，ワインの質を維持し，改善する必要があるとの意見を掲載した。このようなワイン生産者に対する警鐘は，当時のワインづくりにおいて「ワインが本来もつ芳香（アロマ）とアルコールそのもの」[107]が軽視されているという考えにもとづくものである。

では，当時のワインづくりとはどのようなものだったのだろうか。次に，その代表的なありかたをみていこう。

さまざまな偽造・変造の手法

19世紀において，栽培から醸造にいたる1年のサイクルと作業内容そのものは基本的には現在とあまりかわらない。現代の基本的プロセスは，以下のとおりである。前年の収穫後から翌春にかけて休眠するあいだに，畑には除草（nettoyage），土寄せ（buttage），施肥（fumure）が，葡萄樹には剪定（taille）などがほどこされ，春から秋にかけて葡萄樹は萌芽・展葉・花穂・開花・結実・果実肥大・着色・成熟という展開をみせる（この過程で必要に応じて剪定，摘房，除草，農薬散布などがおこなわれる）。葡萄栽培の段階を終える秋ころには，収穫とそれについで醸造との段階をむかえる。収穫のタイミングを判断するためには，糖度計をもちいて葡萄果の成熟度が確認される。収穫後の畑はふたたび休眠期にはいる。醸造をへてできあがったワインは，樽か瓶に注入されたのち市場に流通する。

当時のワインづくりについていえば，とりわけ醸造から小売販売にいたるまで，また伝統的にもちいられる手法から化学的知見の深化に由来する技術にいたるまで，必要に応じてそのつどなんらかの加工がなされた。いいかえれば，ワインづくりにおける技術的向上には，その裏面史ともいうべき現象が随伴したのである。当時「ワインを洗練する sophistiquer le vin」という表現さえ使用されたが，皮肉にもそれは偽造ワインや模倣品（シャンパーニュのそれが有名）が横行したという事実と表裏一体であった。つまり，ワインが「洗練」されればされるほど，ワインの品質は必然的に低下せざるをえなかったわけである。

醸造段階においては，葡萄果の出来に応じて，じつにさまざまな工夫や加工がなされた。代表的なものをあげれば，収穫不足のばあい，後述の砂糖利用のほかに，収穫したての葡萄果の代用として干し葡萄を利用するという手もあった[108]。アルコール発酵の前段階については，除梗（égrappage）や圧搾（foulage）の技術も洗練されていき，エグ味や苦味をやわらげることが可能になった［Roudié, 2e éd.,（1994）: 100］。また，古ワイン対策としては，タンニン添加（tannissage）が 19 世紀以降に多用されるようになった。それまでは，古ワインにあらたに収穫された葡萄果をくわえたり，ブナや柏などの木片を樽中のワインにつけこんで液体の清澄度をあげたりしていたという（こうしてできあがった再生ワインは «râpés» と呼ばれた）。19 世紀には，葡萄種子，アレッポ産没食子（noix de galle）や小アジア産オーク材（chêne）などが，ワインにつけこまれた。その他，ワインへの着色の手法（シャンパーニュではニワトコの漿果 baie de sureau によって赤色をおぎなったという）も化学的知識の深化とともに発展していった［Stanziani（2005）: 83-84］。

次に，葡萄果はアルコール発酵の段階にうつるが，消費者の嗜好にあわせて甘口にするために残糖分を多くしたいときには，アルコール発酵を途中で停止させる目的で二酸化硫黄（亜硫酸）がもちいられることも少なくなかった[109]。ただし，二酸化硫黄の利用じたいは，ワインの品質を安定させる目的で現在でも一般化している［関根（1999）: 94-95］。補酸・除酸の手法についていえば，南仏などの糖分が豊富な葡萄果では酸が不足するばあい石膏（plâtre）添加によって補酸が，逆に過度の酸を柔和するためには酸化鉛（litharge）の利用によって除酸がおこなわれたりもした［Jullien, Manuel du sommelier, 5e éd.,(1836): 123-127］。その他，ムイヤージュ（mouillage）というワインに水を添加して薄める手法やアルコール添加（ヴィナージュ vinage）もさかんにおこなわれた。さらには，肥料の乱用，栽培面積の拡大と収量増加，ガメ（gamay）植樹の広がりなど，低品質ワインを生産する手法は多岐にわたっており枚挙に暇がない[110]。

図39　ワインの水増し，混ぜものをするようす（1874年）

〔出典：南直人（2015）: 208〕

ここで，「人工ワイン」のつくりかたに関する興味深い事例を紹介しよう。それは，19世紀半ばのボルドー・アカデミー紀要にみられるマグティ(Magouty）なる人物による「人工ワイン vin artificiel」製造法に関する研究成果である。それによれば，1バリック（228リットル）の並級白ワインをつくるために必要なのは，水 228 ℓ，グルコース 35kg，重酒石酸塩 450g，オーク材の樹皮 1,360kg，硫酸カリウム 50g，ニワトコの花 100g，ビール酵母 5kg であり，それにケルシ（Quercy）産またはラングドック（Languedoc）産のワインを 1/3 から 1/4 ほど混合すれば，一般大衆むけの安価ワインができるという［Drouin（1978)］。

■シャプタリザシオン（補糖）

ところで，上記のヴィナージュにはいうまでもなく添加用アルコールの確保が前提とされるが，いまやアルコール発酵のメカニズムに関する化学的知識が深化した時代にあって，葡萄果に含まれる糖分によってエタノールが生みだされるという現象は，合理的な計算のもとに再現しえた。したがって，葡萄果（ないしワイン）の不足時には遅かれ早かれ砂糖を利用するという選択肢が視野にはいる余地は十分にあった。貿易自由化により砂糖が以前よりは安価に輸入されるようになり，その入手が容易になればなるほど，これをワインづくりに利用しようとする動きもめだつようになった。そこで次に，この側面をみていこう。

18世紀になると，マケール（Macquer）やパルマンティエ（Parmentier）などによって砂糖の化学的研究がさかんになるが，これはアンティユ（アンティル）諸島産の甘蔗糖が大量に導入されたのと同時代でもある。ナポレオン支配期に植民地産砂糖の輸入に困難が生じたとき，化学者シャプタルがこれにかわる砂糖原料としてフランス国内での甜菜栽培とその拡大を計画し，同時に補糖技術（シャプタリザシオン）も体系的に研究した[111]。シャプタル自身が甘蔗糖や甜菜糖などの使用を推奨したわけではないようだが，その補糖技術はフランスにおいて絶大な影響力を誇ったとされる[112]。シャプタリザシオンの影響は，そののち現在にいたるまでひきつづきおよぼされることとなる[113]。この補糖の実践は，ブルゴーニュ地方の葡萄畑所有者ヴェルニェット＝ラモット伯が1846年に報告したところによれば，アルコール度数を1°上昇させるために，1ピエス［筆者注：1 pièce ＝ 228 ℓ］あたり3.24kgの砂糖が使用されたという事例にみることができる[114]。

ボルドーについては，補糖がもっぱらアルコール度数の低い並級ワインに利用されるとの同時代的証言や，シャトー・ラトゥールが1816年の1回だけ補糖を経験したことがあるという，多くの研究者によって採用されるエピソードが，多少なりともブルゴーニュでの事情と軌を一にするように思われる[115]。じっさいボルドーでは，地元の専門誌 *L'*

Oenophile が 1899 年にジロンド県も含めて全国に広がるシャプタリザシオンの実践について記事を掲載し，砂糖の過剰使用による悪弊を指摘した［Paul（1996）: 136］。このことは，裏をかえせば上質ワインに補糖をほどこすべきでないとするワインづくりの思想が通底していたと考えることができるだろう。したがってその意味では，ボルドーはブルゴーニュとともに，上質ワインに関するかぎりではあるものの，のちの AOC 法の思想的淵源のひとつに位置づけられるワインづくりを志向する産地であったといえるかもしれない。

■ワイン生産者の危機感と抗議行動

過度の補糖をめぐっては，ブルゴーニュ地方においてすでに 1840 年代前半からワインづくりに活用される事態を批判する声があがっていた。たとえばマシャールは『砂糖乱用がひきおこす危険性』（1843 年）を著したし，1845 年に開催されたワイン生産者会議（Congrès des vignerons）も過度の砂糖使用に対する反対を表明した［Abric（2008）: 387］［Stanziani（2005）: 85］[116]。ほぼ同時期，ヴェルニェット＝ラモット伯も同様に補糖の弊害を指摘し，それによって生産された凡庸なワインのせいで消費者が同地方の良質ワインからはなれたと主張する [117]。ただし，第二帝政期に出版されたマシャールの『醸造大全』では，良質の砂糖であればシャプタリザシオンによりワインを改善することが可能であるとも述べられていた [118]。

とりわけ砂糖もかかわるアルコール製造に関連しては，1863 年にマコン葡萄栽培業協会が南仏で一般化していたヴィナージュに対しておこなった批判を指摘することができる。同年にマコンの葡萄栽培者から商務大臣に送られた陳情書には，「小売業者はベルシ Bercy でアルコール濃度の高い南仏ワインを購入しています。小売業者は，色づきのよい葡萄 plants teinturiers に由来するワインを少しマコンワイン少量と混ぜ，『フレッシュさ』をあたえます。次に彼は，水でワインの量を倍にします。その結果，ベルシでアルコール18度あったワインが店頭では7度で販売されるのです」とある。これは，アラモンという品種からつくられるアルコール度数の低いワインに蒸留酒を添加してアルコール強化した南仏ワインに対する批判として指摘されたものである［Garrier（1995）: 213-214］。

このようにして安価なワインが大量につくられるようになると，ワイン業界に混乱がもたらされることは明らかであろう。安価ワインが販売面で有利になれば，グラン・クリュをはじめとする上質ワイン関係者，とりわけそれを産する葡萄畑所有者にとって，ゆゆしき事態であったことはまちがいない。その代表的な人物である既述のヴェルニェット＝ラモット伯爵は，「収穫がワインをつくる」と主張して，補糖の実践がすぐれて商業的な論理にすぎないとの立場を示した［Paul（1996）: 139-140］。この主張をより一般化すれば，化学的操作を駆使するワインづくりそのものが商業的論理に棹さすものとさえいってもよいかもしれない。

ところで，このヴェルニェット＝ラモット伯爵の言葉の行間には，自然と人為の対立的把握がはっきり示されていると考えられる。すでにその時代には，ワイン業界で知られた専門家ジュリアンが，その二類型のもとに「自然ワイン vin naturel」と「人工ワイン vin artificiel」を区別してワインづくりを解説しており，しかも，ワインを「洗練」する行為を「偽造 frelater」と同義で使用した[119]。いいかえれば，自然と人為の対立，および後者のワインが偽造や変造と同一視されるという構図は，遅くとも 19 世紀前半期までには出現していたのである。

格付や AOC をめぐる思想が鮮明化する理由は，以上の歴史的文脈によって理解できる。つまり，19 世紀半ばにボルドーとブルゴーニュの格付がその姿をあらわし，さらに 20 世紀前半期の AOC 制度へと発展していくのは，ワインづくりをめぐる思想的対立のあいだのアウフヘーベンを介してであったとみることができる。そこで次に，AOC 法の名称で知られる原産地統制呼称の法制化をプロセス考察しよう。

[3] フランス・ワイン法（AOC法）制定の諸段階

■「自然ワイン」と「人工ワイン」

フィロクセラや世紀末不況などの影響により，偽造・変造されたワインがますます多く出回るようになると，フランスではこれを取り締まり，公権力によってワイン生産を管理・統制すべきだという考えかたが強くなっていった。それと同時に，遅くとも19世紀前半期に観察された「自然ワイン」と「人工ワイン」の対立的把握は，世紀半ば以降により自覚的に追求されるようになり，とりわけ世紀末のフィロクセラによる葡萄栽培への甚大な被害や経済的不況ともあいまってさらに深められていく。こうして，法制化の動きは19世紀終わりに近づくにつれ加速化した。

まず反「工業ワイン vins industriels」立法たる1889年8月14日法（通称「グリフ法」）は，「自然ワイン」を自称して安価な「偽ワイン vins factices」を製造・販売し，本来の「自然ワイン」生産者が損害をこうむることを予防するため，「消費者とワイン生産者を同時に保護」する目的で制定された[120]。これにより，「ワイン」の名称使用が許可されるのが「新鮮葡萄果の発酵」によってつくられるものに制限され（同法第1条），砂糖や干し葡萄を利用したものが「ワイン」の名のもとに販売されることを禁じた[121]。

図40　第一次世界大戦期のポスター
（Bibliothèque nationale de France所蔵）

ついで1907年9月3日デクレでは，新鮮葡萄原料の使用義務がさらに厳格化され，「新鮮葡萄果ないし新鮮葡萄果汁の発酵にかぎる」こととされた。いいかえれば，「新鮮葡萄果」と「新鮮葡萄果汁」の対極に干し葡萄が位置づけられたのであり，まさにこの後者こそが「人工ワイン」を象徴する原料とみなされたのである。さらに1912年7月28日法第4条は，「人工ワイン」製造者に対する罰則を明記するにいたる。

このようにして，ワイン法の法制化が本格化すると，ワインづくりにおける過度の人為的操作が「人工ワイン」の名のもとに非難され，これに対立する概念として葡萄栽培のありかたを重視する「自然ワイン」が対置されたのである。

■ワイン偽造の法的規制化への試み ――グリフ法から1907年デクレへ――

1889年のグリフ法は，偽造の抑止をそれまで以上に効果的におこなうことをめざした。それゆえ，アルコール発酵ののちに添加することにより偽造とみなされる操作を，イチジク，イチゴマメ，大麦などの発酵・蒸溜物をくわえた場合というように具体的に提示する（同法第7条）。さらに1891年7月11日法は，「何らかの着色物質の使用による着色」を偽造と規定するとともに，硫酸や硝酸などの添加を禁じ，塩化ナトリウム添加と「石膏添加ワイン vins platrés」のための硫酸カリウムないし硫酸ナトリウムの添加に制限を付した。これにくわえ，1907年6月29日法はムイヤージュを禁ずるとともに，砂糖利用を制限した。

以上にみる一連の流れに一応の総括的規定をあたえたのが，1907年9月3日デクレであり，ワインの偽造に関する規定が「ワインの自然的状態を変更することを目的とした操作および実践」という一般的定義によって提示された（第2条）。ここで「ワインの自然的状態」については，例外規定がもうけられ，醸造段階については，砂糖利用と石膏添加の使用量を抑制しつつ，タンニンや酒石酸などの添加を許容する（ただし砂糖と酒石酸の同時添加は禁止）。次に，できあがったワインについては，クパージュ，果汁凍結，コラージュ，タンニン添加，白ワイン清澄のための純粋炭使用などが許容された。

同上デクレでは，これらの操作がすべて「通常の醸造あるいはワイン保存のみを目的とする」作業であるとされる。しかしその一方で，上に言及した例外規定は，いずれも地域性の違いに応じたワインづくりのありかたを示している。補糖はいうにおよばず，ボルドー地方においてたとえばクパージュや卵白を用いてのコラージュなどは伝統的にもちいられる製造法であった。それどころか，北仏など十分な日照量が確保できない地域では，つくられるワインのアルコール分を高めるために補糖が利用されるのが一般的だった。要するに，同デクレは，ワインづくりにおける地域的固有性を尊重するという考えかたに立脚したものにほかならない。

これまで述べてきた法制化では，ワイン原料としての葡萄果やアルコール発酵後の添加物が対象とされてきた。またそれは，もっぱら醸造から小売までの諸段階を対象にしており，葡萄栽培の局面が問題化したわけではなかった。いいかえれば，ワインの「質」とはそれを構成する物質がいかに（あくまで当時の意味において）健全であるべきか，したがってワインづくりがいかにあるべきかという問題をめぐる議論を軸にしていた。しかし，ワインづくりの地域的固有性を視野にいれなければならないとすれば，必然的にワインの生産地，ひいては葡萄そのものの栽培地をめぐる問題が立法化にかかわらざるをえなかったであろうことは容易に想像がつく。そこで注目されるのが，上の1907年9月デクレにおいて，「ワインの自然的状態」の要素として「原産地」という新しい概念が一大争点として浮上したことであり，ここにワインの「質」と生産地の両観念が結合すべきものとして考えられていた形跡をみてとることができる。そこで次に，原産地の問題に焦点をあてて，この問題をより深く考えてみたい。

■原産地呼称の制度化 ――「ボルドー」ワインの呼称認定を中心に――

そもそも，ボルドー商人たちはガロンヌ上流域とドルドーニュ上流域の葡萄栽培地域から葡萄果を調達し，ボルドーにおいてワインをつくっていた。とりわけ隣県のドルドーニュ県，ロット＝エ＝ガロンヌ県，ロット県からの葡萄果供給は20世紀初頭までボルドーのワインづくりに不可欠であった［Roudié, 2e éd.,（1994）: 199-；Hinnewinkel（2001）］。いいかえれば，次にみる 1909 年以降の時期には，ボルドー地方のワインづくりは自県の葡萄果のみで十分に対応できたのである。他方，格付クリュに代表される上質ワインは，ガロンヌ左岸の中流域から下流域にかけて集中しており，AOC 体制のもとで葡萄調達地域がジロンド県域に限定化されたとしても影響をうけない。それどころか，その「良質性」の観念は，AOC 思想にも多少なりとも影響したのではないかとも考えられる。このような事情から，葡萄果供給地域がジロンド一県のみに限定されるという最悪の事態に直面したとしても，ボルドー商人にとってかならずしも致命傷とはならない条件がととのっていた。

呼称認定に対する異議申立 ── 商人論理の排除？──

1909 年以降，全国各地の原産地呼称がたてつづけに政府により認可されることになった。その代表的事例として，1908 年 12 月 17 日デクレ「シャンパーニュ Champagne」，1909 年 5 月 1 日デクレ「コニャック Cognac」，同年 5 月 25 日デクレ「アルマニャク Armagnac」，1909 年 9 月 18 日デクレ「バニュルス Banyuls」などであり，ボルドーに関する呼称認可もまたこの時期になされた。ここでは，AOC 法体制の成立にいたる経緯を追ううえで，原産地呼称のありかたをめぐって展開されたボルドーのワイン関係者の動向が興味深い。

発端は，1909 年 4 月に，ジロンド県，ドルドーニュ県，ロット＝エ＝ガロンヌ県の 3 県が「ボルドー」呼称の認定対象となることが政府により決定されたことにさかのぼる。この決定じたいは，歴史的ボルドー（「ボルドーワイン」の商業的伝統）を尊重するという思考法を下敷きにしていた。しかしこれに対して，ボルドー地方のワイン関係者から強硬な異議申立がなされると，政府は再検討を余儀なくされ，葡萄畑の気候・土壌・葡萄品種などの自然的条件を中心とする調査，および 13 世紀にまでさかのぼるワイン関連の資料の探索に着手することとなった。また同時に，利害関係者からの意見聴取もふまえつつ，最終的に発出されたのが1911年2月18日デクレである。これにより，ボルドー地方のワイン関係者の主張を追認する形で，「ボルドー」の呼称をもちいてもよい領域がジロンド県域のみに限定された。

この決定の根拠としては，大きくいって二つの論点が提示された。すなわち，第一に呼称認定のためには「継続的に実践されるローカル慣行」が必要であること，しかしそこに「クパージュ」という「商業的実践」は含まれないこと，第二に1905年法から当該デクレにいたるまで政府の原産地呼称認可権は「テリトワール territoires」を単位とする領域の範囲に限定されること，である[122]。

このうちとくに，第一点めの商業的実践に関する言及は，呼称認定に関してボルドー地方の伝統であった「クパージュ」という商業的慣行を名指しで否定した。たしかに，それは商業的慣行そのものを全否定したわけではない。にもかかわらず，先の1907年デクレにおいて例外規定に盛りこまれた「クパージュ」を呼称認可の要件から排除したため，伝統的な「ボルドーワイン」づくりを部分的にせよ否定することになったのである[123]。

■原産地統制呼称法（AOC法）──1927年以降の展開：歴史と空間の結合──

上述のテリトワールの論理は，かならずしも地域社会側の願望と合致するわけではなかろう。その意味で，商業的慣行の排除にもとづく法的矛盾の解決がめざされることにならざるをえなかったし，それこそが次にみる1927年7月22日法によって示された（あくまでも暫定的な）解決法であったと考えられる。これは，「原産地」の思想を「質」の議論に接合しようとする最初の試みでもある。

同法第3条では，原産地呼称の条件として「葡萄品種」と「生産圏」が併記された。後者の「生産圏」とは，「呼称ワインの生産に適する…コミュン」からなる領域を意味する。その「生産圏」とは，「忠実かつ継続的に実践されるローカル慣行」に依拠するものとされた。ここで，1911 年法で規定されたのが「継続的に実践されるローカル慣行」であったことを考えあわせてみよう。すると，この第 3 条がそれに「忠実」という制約を付加していることに気づく。つまり，ワインづくりの慣行にかかわる過去の実践をそっくりそのまま（「忠実に」）継承しているかどうかという伝統の側面こそが重視されたわけである。したがって，そのような伝統的慣行（歴史）がどのような領域的範囲（空間）において実践されつづけていたかということこそが問題となる。いいかえれば，歴史と空間の結合こそが，「原産地」観念をつくりあげるために必要とされる思想的要素になったといえる。

以上にみた「原産地」と「質」という両側面をローカル慣行によって接合しようとする発想は，現在にいたるまでフランスのワイン法をささえることになる 1935 年の AOC 法にも流れこんでいく[124]。AOC 法の成立に主導的役割をはたし，「AOC の父」[125]とも形容されるカピュ（Joseph Capus, 1867-1947）によれば，「原産地呼称は，単なる産地表記ではない。そこには産地と質にかかわる一定の思想が結びついている。…それゆえ，原産地呼称においては地理的産地と生産慣行とを考慮し，保護せねばならない」[126]。実をいえば，1927 年法も彼が法案の提案者であり，それゆえ AOC 法の基本的骨格は遅くともその 8 年前にはできあがっていたといえる。その意味では，カピュは AOC 法体制の創始者ではなく，暫定的にせよ一応の制度確立を成功させた人物といったほうが適切だろう。

このカピュの考えにおいて重要なのは，原産地呼称が「慣行」と「名声」によって裏打ちされるとする論理が前面にすえられたことである。ここで注目されるのは，「名声」の歴史的根拠が 19 世紀のジュリアンを代表とする前世紀のワイン専門家たちによる諸業績に求められたということである。とりわけ「名声」という要素は，裏をかえせば販売の側面と密接であるから，ワインの商業的ヒエラルキーにつうずる側面にほかならない。ここにこそ，商人によるワインづくりの思想が，AOC 体制下において生きのびる大きな余地があったのである。

■フランス AOC 制度と EU ワイン法

ヨーロッパの枠組では，1958 年のリスボン協定（原産地呼称の国際登録および保護に関する協定）が EU ワイン法の整備にかかわる出発点となる[127]。すなわち，ワインの品質あるいは特質が産地の地理的環境（自然的要素と人的要素）に由来することを宣言し，これに合致する産品に原産地呼称を認めるというものである。要するにそれは，フランス AOC 法と同一の考えかたにたつ。その後，たびかさなる改革が試みられたが，近年における重要な改革は，次にみる WTO（世界貿易機関）とのかねあいでおこなわれたワイン分類体系の大幅な変更である。

WTO により知的所有権として認められた地理的表示との整合性をとるため，2008 年に EU ワイン法体系が大幅に改定されることになった。これにより，ワインの分類体系は AOP（Appellation d'Origine Protégée: 原産地保護呼称）と IGP（Indication Géographique Protégée: 地理的保護表示）とに変更された。すなわち，指定地域上質ワイン（Vin de Qualité Produit dans une Région Déterminée）とテーブルワイン（Vin de Table）とからなる旧来の分類体系は，上質ワインのカテゴリーであった前者が AOP ワインに，後者が IGP ワインおよび地理的表示のないワインとに再編された（図 41）。EU 加盟各国は共通の規則の範囲内で生産・販売に関する各国の国内法を整備することとなり，フランス法の枠組における従来の AOC と上質指定ワイン（Appellation d'Origine Vin Délimité de Qualité Supérieure）は，EU 法の AOP に，ヴァン・ド・ペイ（Vins de Pays）は IGP にそれぞれ属することとなった（ただし，AOVDQS は経過

<table>
<tr><th colspan="2">旧</th><th colspan="3">新 （フランス国内法）</th></tr>
<tr><td colspan="2" rowspan="2">Vin de qualité</td><td rowspan="3">GI表示</td><td rowspan="2">AOP (PDO)</td><td>AOC</td></tr>
<tr><td>AOVDQS</td></tr>
<tr><td rowspan="2">Vin de Table (Table Wine)</td><td>GI表示</td><td>IGP (PGI)</td><td>Vin de Pays</td></tr>
<tr><td>GI表示なし</td><td colspan="2">Vin (Wine)</td><td>Vin de Table</td></tr>
</table>

図41　EUワイン法による新旧のワイン分類

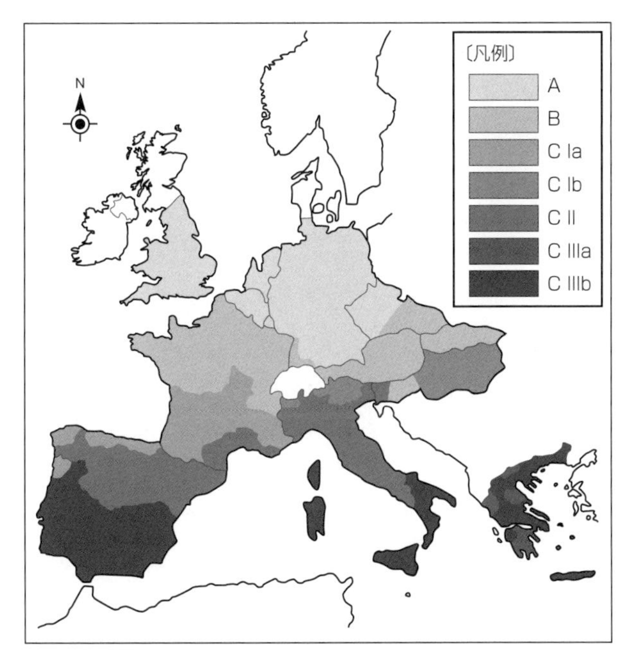

図42　EUワイン法：栽培地域ゾーンA～C
〔EUワイン法にもとづき作製〕

措置ののち廃止）。これにともなって，ラベルの義務的記載事項も改定され，製品のカテゴリー（「ワイン」など），"AOP"または"IGP"を明記することのほか，アルコール度数，原産地名，瓶詰め業者名を（スパークリングのばあい残糖量も）記載することとされた。

なお栽培地域は，地域の特性に応じてA～Cのゾーンに分類され，それぞれについて最低アルコール度数，補糖，補酸・減酸などが規定されている。フランスはゾーンB，Cに属し，そのうちボルドー地方やブルゴーニュ地方などはゾーンC-Iとされ，AOPとIGPのワインについてはアルコール度数9%～15%，酸度は3.5g/ℓ以上（酒石酸換算）と規定される。これはもちろん，フランスAOCを含む加盟各国の国内法にとっての最低基準をなす。

1992年（マーストリヒト条約）によって成立したEUは，それまでと同様に，ワインの供給過剰を是正し，ワイン生産者の競争力を強化するなどの共通農業政策を強力に展開してきた。そのなかで成立したAOPの理念は，INAOの説明によれば「テロワール」にもとづくものとされている。それは，「生産圏の特性に由来する独自性」を示すものであり，歴史のなかで形成された「集団的な生産技術」に裏打ちされる[128]。これは，既述の「忠実かつ継続的に実践されるローカル慣行」にほかならず，フランスAOCの法思想と軌を一にするものである。換言すれば，EUワイン法は，フランスAOC法と同じく原産地の特性を基礎としてその良質性を保証しようとする体系である。すなわち，EUの上質ワインに関する制度的骨格はフランスAOC方式に統一され，ワインの上質性が原産地によって保証されるとの立場がとられることになったのである。したがって，ワインに関するEU規則の主要部分は，フランスAOC法による厳格な規制の方向性を基本的にはとりいれつつも，それをある程度まで緩やかにした形で，いわば最低基準としてとり決められているといってよい。

[4] 日本の酒類法制とワイン

■日本ワインの歴史

葡萄品種

日本ワインの原料とされる品種は，明治以降のさまざまな試行錯誤が反映して，じつに多岐にわたる。明治以降にヨーロッパ系品種（Vitis vinifera）とアメリカ系品種（Vitis labrusca）が日本にもちこまれたが，日本固有の品種や交雑・交配により開発された品種も多い。ヨーロッパ系品種ではメルロとシャルドネが多く栽培されており，アメリカ系品種ではコンコードとデラウェアが人気だが生食用としても出荷されている。

日本固有の品種としては，名実ともに甲州がもっとも有名であろう。

○ ワイン原料用国産生ぶどう（赤白上位10品種）の受入数量

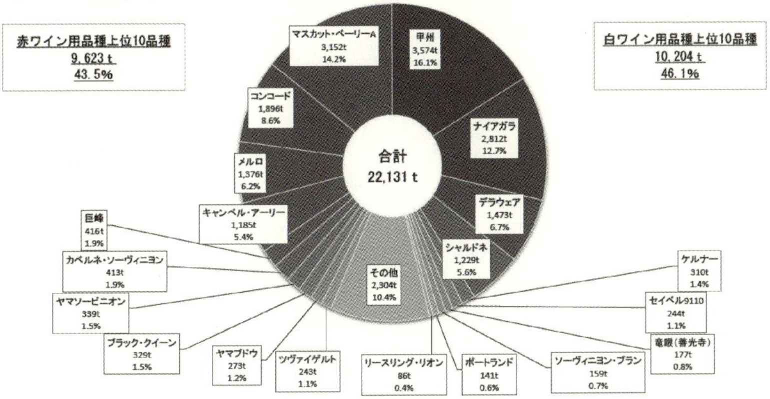

赤ワイン用品種上位10品種
9,623 t
43.5%

白ワイン用品種上位10品種
10,204 t
46.1%

合計
22,131 t

甲州 3,574t 16.1%
ナイアガラ 2,812t 12.7%
デラウェア 1,473t 6.7%
シャルドネ 1,229t 5.6%
ケルナー 310t 1.4%
セイベル9110 244t 1.1%
竜眼（善光寺） 177t 0.8%
ソーヴィニヨン・ブラン 159t 0.7%
ポートランド 141t 0.6%
リースリング・リオン 86t 0.4%
その他 2,304t 10.4%
ツヴァイゲルト 243t 1.1%
ヤマブドウ 273t 1.2%
ブラック・クイーン 329t 1.5%
ヤマソービニオン 339t 1.5%
カベルネ・ソーヴィニヨン 413t 1.9%
巨峰 416t 1.9%
キャンベル・アーリー 1,185t 5.4%
メルロ 1,376t 6.2%
コンコード 1,896t 8.6%
マスカット・ベーリーA 3,152t 14.2%

（注） ワインの原料とするために受け入れた国産生ぶどうの品種別数量の集計値であり、実際にワイン原料に使用した数量とは符合しない。
※ 国産生ぶどうのワイン原料使用量 20,671t

図 43 国内製造ワインの概況
〔出典：国税庁・平成 28 年度調査分より〕

甲州は，1600 年ころまでは現在の山梨県で栽培されるのみであったが，そののちに長野県，山形県にもたらされたといわれる。明治期にはいると島根県，広島県，徳島県などでも栽培されるようになり，現在でも島根県では甲州葡萄の栽培が盛んである。甲州葡萄は，日本でのワインづくりでもっとも多く使用される品種で，全生産の 20%弱を占め，日本で生産される甲州ワインの 96%ほどが山梨県産を使用している。

国内でのワインづくり

日本のワインづくりは，明治 3 年（または 7 年）ころ，甲府で山田宥教（ひろのり），詫間憲久がワイン醸造を試みたことにはじまる。

明治 10 年（1877 年）には，勝沼に大日本山梨葡萄酒会社ができ，それにつづいて山形県，新潟県などにもワイナリーが設立された。新潟では，川上善兵衛が日本の気候風土に適する葡萄品種の開発にとりくみ，昭和 2 年（1927 年）にはマスカット・ベイリー A やブラック・クイーンなど独自の品種を生みだした。これらの品種は，現在でも親しまれるワインをつくりだしており，このうちマスカット・ベイリー A は現在において甲州につぎ2番目に使用される品種である。

明治政府は，富国強兵策などのために酒税を財源として活用し，このため明治32年（1899年）には自家醸造が禁止され，酒税収入の増加がはかられた。日清・日露戦争時には国家歳入の3割ほどが酒税によって占められていたという（現在は3%程度）。太平洋戦争末期には，水中聴音機の製作に必要な軍事用資材としてワインからとれる酒石の需要が高まり，軍の主導でワイン生産が奨励された。その反面，ワイナリーの数は著しく減少し，戦後まもなくはワイン産業が停滞した。

現在にいたるまで酒類関係の事項を統制する酒税法（後述）は昭和28年に制定されるが，昭和37年（1962年）の改正により干し葡萄が醸造に認められ，1970年代から関税引下げによりバルクワイン，濃縮マストの輸入が増大した。いいかえれば，国内でのワイン製造は原料となる葡萄果汁を輸入に頼り，葡萄栽培農家がみずから栽培した葡萄を醸造するというワインづくりは主流ではなかったのである。酒税法は，その管轄官庁が大蔵省（ついで財務省）であることからわかるように，あくまで課税のための法制であって，ワインづくりそのものに関してフランスAOC法にみるような生産基準を直接的に定めて規制するものではない。

ワインづくりに関する規制の欠如に由来する弊害のひとつが，昭和60年（1985年）のジエチレン・グリコール混入事件である。これは，オーストリアで生産されたワインなどに，甘味やまろやかさをくわえるためにジエチレン・グリコールが添加された事件である。地元産の甘口ワインが高価だったことから，当時の西ドイツではオーストリアから輸出される安価な甘口ワインが人気だったのであるが，このワインにジエチレン・グリコールの混入が発覚したのである［山本，高橋，蛯原，（2009）: 22］[129]。この事件は，地元産ワインを混合して日本に輸出していたドイツの業者もいたことから，日本にもまたたくまに波及することとなり，日本のワイン業界にとってワインづくりについて自省をうながす教訓となった。

ただし，必要不可欠な添加物もある。たとえば，代表的なものでいえば二酸化硫黄（SO_2）である。これは，酸化を抑制し，酵母や細菌の増殖をおさえる（静菌作用）などして酒質安定のために添加される。「品質の劣る〈無添加〉ワインを歓迎し，上質ワインの醸造に不可欠な二酸化硫黄の使用までも危険視する消費者が日本に非常に多いことは残念でならない」という山本の嘆息には，筆者も完全に同意するところである［山本,高橋,蛯原（2009）: 58］。もっとも，ワインがアルコール飲料であることは否定しようがなく，その意味ではアルコール摂取に健康被害をもたらすリスクの観点からみれば，ワインどころか酒類全般が忌避されるものになりかねない。結局のところ，健康をとるか，ワインの奥深い喜びをとるか，選ぶのは消費者しだいだというところにおちつこうか。

さて，以上のような経過をへたのち，1980年代からはワインの自覚的な質向上への動きがめだつようになる。大手ワイナリーを中心にヨーロッパ系品種の栽培が本格化していき，中小ワイナリーとともに葡萄栽培を入念におこなう傾向が徐々に強まっていった。大日本山梨葡萄酒会社の後継会社が販売した「メルシャン」という銘柄は，上のジエチレン・グリコール混入事件をきっかけに売上を伸ばしたといわれる。その後，平成2年に社名をワインブランド名と同じメルシャンとし，平成19年にはキリン傘下にはいった。その間，メルシャン社は農作物としてのワインという側面を重視して葡萄栽培の改良に力をいれるとともに，ボルドーの醸造家や研究者との協力関係を築き，わが国のワイン醸造・販売の中心的な役割をになっている[130]。

他方，現地ボルドーにおけるワインづくりに本格的にかかわったのは，1983年にシャトー・ラグランジュ（ボルドーの1855年格付第3級）の経営に参画したサントリーである（口絵④)。このシャトーは，遅くとも17世紀初頭までには開かれたといわれ，そののち七月王政期に内務大臣などを歴任したデュシャテル伯爵が所有者となって醸造設備を一新し，ワインづくりの改善に力をいれたが，20世紀にはいってシャトーは荒廃していった。サントリーが進出したのはこのような時であり，シャトー経営にはじめて欧米以外の企業がかかわったことでも話題になった。

以来，シャトー・ラグランジュはサントリーのもとで葡萄栽培と醸造のあらゆる面で改良をかさね，良質なワインづくりへの模索に余念がない。

■現代日本ワインの生産と消費[131]

日本の葡萄栽培面積は1.8万ha程度で，ワイン用葡萄の生産は約2.5万トンにすぎず，国内製造ワインの製造数量は約100万hl前後である。このうち，「日本ワイン」の生産量は19,000 kl弱で，国内市場で流通するワイン全体の4%ほどである（2015年時点）。なお，「日本ワイン」の内訳は白ワインが47%，赤ワインが41%，発泡性ワインが5%，その他7%となっている（2015年時点）。産地としては，長野県・山梨県・山形県・北海道などが上位を占めるが，なかでも山梨県の葡萄生産量は全国の約34%にも達し，長野県の27%，北海道の15%，山形県の10%がこれにつづく。

では，ワイン消費はどうだろうか。正確な統計は不明なため，果実酒の課税数量を参考にするしかないが，ビール・リキュールなどに遠くおよばず酒類全体の4%程度にすぎないことがわかる（図44）。成人一人あたりのワイン消費量は全国平均で年間2.8ℓであるが，ビールの25.7ℓ，清酒の5.7ℓを大きく下回る。この理由としては，2000年ころから酒類消

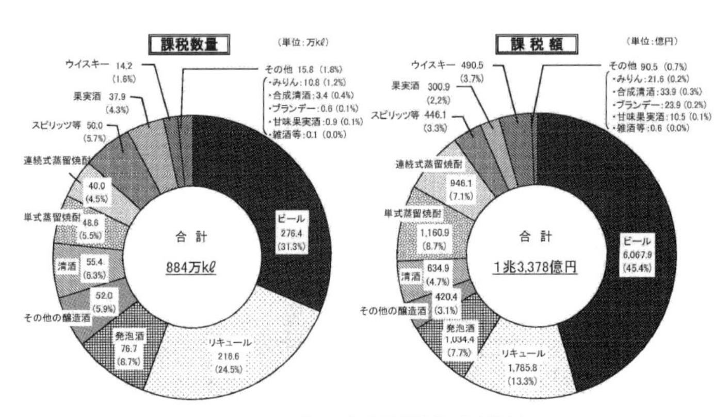

図44　平成27年度課税実績（国税庁）

〔出典：国税庁・平成29年度「酒のしおり」より〕

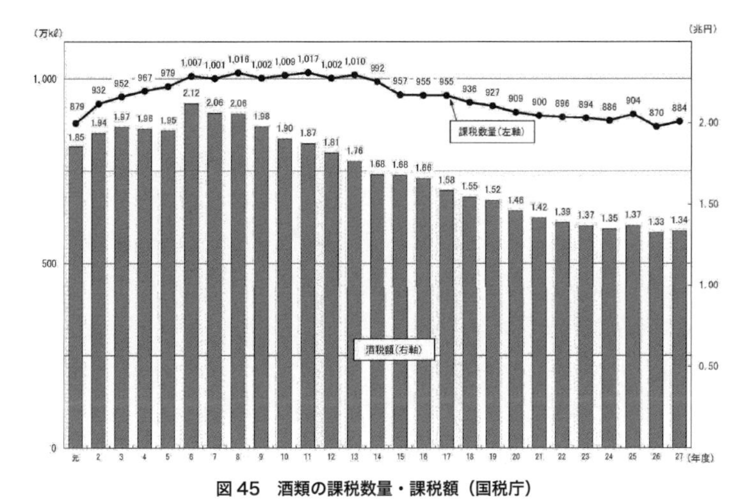

図 45　酒類の課税数量・課税額（国税庁）

〔出典：国税庁・平成 29 年度「酒のしおり」より〕

費そのものが停滞ないし若干の下降傾向にあることが考えられるが，その反面，チューハイが低価格で手をだしやすいという状況も手伝って焼酎（主に単式蒸留焼酎）のみが増加をつづけている。

日本でワインが一般的に飲まれるようになるのは，昭和 39 年（1964 年）に開催された東京オリンピックが主要な契機だったといわれる。1980 年代，カリフォルニアワインが注目され，ボジョレ・ヌヴォの人気が上昇した。くわえて，1995 年にはソムリエの田崎真也氏がソムリエコンクール世界大会で日本人としてはじめて優勝して話題となり，ワインをテーマにしたドラマや漫画の影響もあるなど，一時的にワインブーム（第 5 次ブーム）が訪れた。このブームはワイン消費が減少傾向にはいり，一過性の流行に終わった観があるが，そののち短期的にブームが訪れては終息するという現象をくりかえし現在にいたる。2018 年時点では，2012 年から開始された第 7 次ブームの最中にあるとする見方もある[132]。

■酒税法

ワインの法的位置づけ

現在，ワインその他の酒類を規制するのは，第二次大戦後に制定された酒税法である（**資料3**）。これによれば，酒類は発泡性酒類，醸造酒類，蒸留酒類，混成酒類に4分類され，それぞれの区分にしたがって課税額が定められる。発泡性酒類にはビールが含まれ，醸造酒類は清酒と果実酒，蒸留酒類は焼酎，ウィスキー，ブランデーなど，混成酒類は甘味果実酒，リキュールなどからなる。これを，すでに参照した**表1**の分類表とくらべてみてほしい。この分類表が製法と原料に注目した分類法であるのに対して，酒税法の分類は発泡性酒類を別枠として独立させている。また，酒税法では「ワイン」や「葡萄酒」などといった表現ではなく，「果実酒」や「甘味果実酒」という枠組が重視される。

この酒税法と補完関係にあるのが，「酒類業組合法」（酒税の保全及び酒類業組合等に関する法律，昭和28年2月28日制定，平成28年6月3日改正）であり，品目，アルコール分などの表示義務事項が規定されるとともに，財務大臣が種類の製法，品質などの事項について必要な基準を定めることとされ，これにもとづいて「果実等の製法品質表示基準」（平成27年国税庁告示第18号）と「酒類の地理的表示に関する表示基準」（平成27年国税庁告示第19号）とが告示されている[133]。

前者の「果実等の製法品質表示基準」は，エチケットに関する表示ルールを示したもので，平成30年10月から適用される（**図46**）。これによれば，従来「国産ワイン」と表示されてきたワインについて，日本国内で栽培・収穫された葡萄を国内で製造したばあい「日本ワイン」と表示でき，それ以外の「国産ワイン」は「国内製造ワイン」と表示することとされた。いずれにもあてはまらない国外産のワインは「輸入ワイン」と表示されることになる。また，原料となる葡萄の品種，産地，収穫年についても表示ルールが定められ，たとえば仙台市内で栽培・収穫された葡萄が85%以上使用されたばあいに「仙台産葡萄使用」と，さ

資料３

酒税法（制定　昭和28・2・28，改正　平成29・3・31）

（課税物件）
第１条　酒類には，この法律により，酒税を課する。

（酒類の定義及び種類）
第２条　この法律において「酒類」とは，アルコール分１度以上の飲料（薄めてアルコール分１度以上の飲料とすることができるもの（アルコール分が90度以上のアルコールのうち，第７条第１項の規定による酒類の製造免許を受けた者が酒類の原料として当該製造免許を受けた製造場において製造するもの以外のものを除く。）又は溶解してアルコール分１度以上の飲料とすることができる粉末状のものを含む。）をいう。

2　酒類は，発泡性酒類，醸造酒類，蒸留酒類及び混成酒類の４種類に分類する。

（その他の用語の定義）
第３条　この法律において，次の各号に掲げる用語の意義は，当該各号に定めるところによる。

1. アルコール分　温度15度の時において原容量100分中に含有するエチルアルコールの容量をいう。
2. エキス分　温度15度の時において原容量100立方センチメートル中に含有する不揮発性成分のグラム数をいう。
3. 発泡性酒類　次に掲げる酒類をいう。

イ　ビール　　ロ　発泡酒

ハ　イ及びロに掲げる酒類以外の酒類で発泡性を有するもの（アルコール分が10度未満のものに限る。以下「その他の発泡性酒類」という。）

4. 醸造酒類　次に掲げる酒類（その他の発泡性酒類を除く。）をいう。

イ　清酒　　ロ　果実酒　　ハ　その他の醸造酒

5. 蒸留酒類　次に掲げる酒類（その他の発泡性酒類を除く。）をいう。

イ　連続式蒸留しようちゆう　　ロ　単式蒸留しようちゆう　　ハ　ウイスキー

ニ　ブランデー　　ホ　原料用アルコール　　ヘ　スピリッツ

6. 混成酒類 次に掲げる酒類（その他の発泡性酒類を除く。）をいう。

イ　合成清酒　　ロ　みりん　　ハ　甘味果実酒　　ニ　リキュール　　ホ　粉末酒

ヘ　雑酒

（略）

13. 果実酒　次に掲げる酒類でアルコール分が20度未満のもの（ロからニまでに掲げるものについては，アルコール分が15度以上のものその他政令で定めるものを除く。）をいう。

イ　果実又は果実及び水を原料として発酵させたもの

ロ　果実又は果実及び水に糖類（政令で定めるものに限る。ハ及びニにおいて同じ。）を加えて発酵させたもの

ハ　イ又はロに掲げる酒類に糖類を加えて発酵させたもの

ニ　イからハまでに掲げる酒類にブランデー，アルコール若しくは政令で定めるスピリッツ（以下この号並びに次号ハ及びニにおいて「ブランデー等」という。）又は糖類，香味料若しくは水を加えたもの（ブランデー等を加えたものについては，当該ブランデー等のアルコール分の総量（既に加えたブランデー等があるときは，そのブランデー等のアルコール分の総量を加えた数量。次号ハにおいて同じ。）が当該ブランデー等を加えた後の酒類のアルコール分の総量の100分の10を超えないものに限る。）

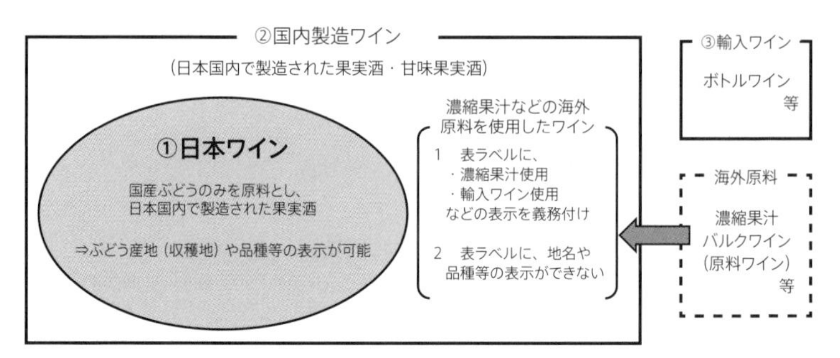

①「日本ワイン」　　：国産ぶどうのみを原料とし、日本国内で製造された果実酒をいいます。
②「国内製造ワイン」：日本ワインを含む、日本国内で製造された果実酒及び甘味果実酒をいいます。
③「輸入ワイン」　　：海外から輸入された果実酒及び甘味果実酒をいいます。

図 46　日本ワイン・国内製造ワイン・輸入ワインの区分
〔出典：国税庁・「果実酒等の製法品質基準について」より〕

らにその葡萄が仙台市内で醸造されたばあいには「仙台ワイン」と表示できるようになった。

後者の「酒類の地理的表示に関する表示基準」は，WTO によって地理的表示（GI）が知的所有権とされたのをうけた措置であり，発足にあたって日本にも導入されたものである。すなわち，酒類の「確立した品質，社会的評価又はその他の特性（以下「酒類の特性」という。）が当該酒類の地理的な産地に主として帰せられる場合」にその産地名を独占的に名のることができる制度である。地理的表示を名のるばあい，「地理的表示」，「Geographical Indication」または「GI」の表示をあわせて明記する必要がある。現在，この地理的表示の認められているのは，ワインについて「山梨」（平成 25 年 7 月指定）および「北海道」（平成 30 年 6 月指定）のみである[134]。

「りんごワイン」，「梨ワイン」…

近所のスーパーにでも寄る機会があったならば，ちょっと酒売場をのぞいてみるとよい。商品棚には，りんご，梨，桃などの果物名を冠したワインと称するものが，あげくのはてには「梅ワイン」などというものまで陳列されているのを目にすることだろう。本書を読む前の読者は，そのような光景をみても，ふだん気にとめることはなかったことだろう。しかし，今やこういった光景に違和感を感ずるようになっていれば，筆者としてはしめたものだ。

通常われわれが思い浮かべるであろう一般的なワインは，酒税法において「果実酒」に分類される。そこで，同法第3条の13「果実酒」の定義をより深く考えてみよう。アルコール分20度未満であり，かつ「果実又は果実及び水を原料として発酵させたもの」が「果実酒」に関するもっとも基本的な定義にあたる部分であるが，そもそも通常のワインに含まれるアルコール分は多くともせいぜい15度程度であり，収穫した葡萄に水をくわえて発酵させるなどということはない。つづくロからニの内容にいたっては，アルコール添加や糖類，香味料などの使用までもが原則レベルで許容されており，もはやヨーロッパでつくられる通常ワインの範囲を逸脱している。要するに，酒税法下の「果実酒」は，かならずしもワインを意味しているわけではないのである。いいかえれば，ワインは数ある「果実酒」のひとつにすぎない。

ところで，ワインの定義といえばすでに言及したところであるが，OIV（Organisation Internationale de la Vigne et du Vin「国際葡萄・ワイン機構」）による定義は，「生の葡萄または生の葡萄果汁を完全に，または部分的に発酵させることによって得られる飲みものにかぎる」となっている。この定義が，19世紀末から20世紀前半期にかけてフランスにおいて徐々に確立していったものであることは，すでにみたとおりである。この意味で，酒税法はフランス（のちにEUも）の重厚な歴史的経験の蓄積に裏打ちされたワイン立法と同列には論じられない。それは，ワインという飲料が文化次元で深く根づくヨーロッパとの大きな相違であるとさえいえよう。

（と，ここまで読んだら第Ⅰ章にもどる）

【註】

102 本文にあげたものから微生物にいたるまで大陸間を移動し，環境や生態系に重大な影響があたえられた。したがってクロスビーは，ヨーロッパ人による新大陸の征服を生態学的侵略であるとも考える。Alfred W Crosby（1973）；クロスビー（1998）。

103 16世紀半ばころから，優勢であったスペインとポルトガルの船舶がまずは日本にも来航し「南蛮貿易」が盛んにおこなわれた。つづいてイギリスとオランダの船も参入してくるが，やがて江戸時代になると，幕府は欧米列強のうちオランダとのみ長崎をつうじて交易関係を結ぶようになる。なお，欧米諸国にみる「捕鯨文明」については，臼井隆一郎（2005）の第1章を参照。

104 なお，当時はまだアムール川流域北部，沿海州はロシア領ではない。前者はアイグン条約（1858年）によって，後者は北京条約（1860年）によって，ロシアに領有されるようになった。

105 欧米列強の動向について，以下の諸文献を参照。Renouvin（1946）: 49-50 ; Id.（1994）; Pouthas（1948）: 304-357 ; Villier（dir.）（1997）: 213-241.

106 ナポレオン3世による経済改革大綱の具体的な内容については，野村啓介（2002年）: 129-131, 196-198。同年6月の時点では，イギリスにおけるフランス産ワインの消費量は87%増加したのに対し，スペイン産ワイン消費量の増加は7%でしかなかった。また同様に，イギリスによるフランス産ワイン輸入は133%の伸びを示し，スペイン産ワインの70%増，ポルトガル産ワインの30%増を大きく凌駕した。

107 そのほか，『メモリアル・ボルドレ』紙にも全国紙『コンスティテュシオネル』から転載されたルゴワの助言が，この主張と同一線上にある。A. Legoyt, Le traité de commerce et nos vins, in *Le Mémorial bordelais,* les 25 mars et 11 avril 1860. このルゴワなる人物は，おそらく同時代の経済学者・統計学者アルフレド・ルゴワのことであろう（Alfred Legoyt : Clermont-Ferrand, 1815-）。ルゴワは，内務省に入省後，1852年3月にモロ・ド・ジョネス（Moreau de Jonnès）の後任としてフランス総合統計局（bureau de la statistique générale de France）を指揮し，農工業の生産に関する統計調査の任にあたった。主著に『フランスと外国：統計比較研究』（*La France et l'étranger, études de statistique comparée,* 2 vol., 1864-1870），『フランスと主要国における土地所有の細分化について』（*Du morcellement de la propriété en France et dans les principaux États de l'Europe,* 1867）などがある。

108 干し葡萄を利用したワインが偽造とみなされるのは，ようやく1879年9月の司法大臣通達によってであった。Lachiver（1988）: 439.

110 二酸化硫黄は，遅くとも17世紀までには樽材を殺菌したり，あるいは樽詰めワインが輸送中にバクテリアの繁殖を抑制し，再発酵するのを防止したりするのに使用された。とくに後者の手法はオランダ商人によって駆使されたもので，«allumettes hollandaises» とも呼ばれた。Gautier（1996）: 82. なお，ボルドーにおいてはメドック地区で1765年に使用されたとの記録が残る。Lachiver（1988）: 225. 二酸化硫黄はワインづくりに不可欠のものとしてもちいられたが，現在のように添加量規制があるわけではなく，きわめて多量に使用された可能性は捨てきれない。

110 さらには，色あいの薄いワインを植物性染料で着色するという手法（coloration）もあった。Stanziani（2005）: 83-. こうした偽造･変造ワインの歴史については，以下の書籍に詳しい。Harry W. Paul（1996）; James Simpson（2011）.

111 本書137-138頁も参照のこと。

112 もっとも，シャプタル自身は，補糖用の砂糖として葡萄果から抽出されるシロップの添加を推奨した。甘蔗糖と甜菜糖の適格性にも言及したが，葡萄不作への対応のために甘蔗糖をもちいて葡萄果に含まれる糖を製造する手法が好ましいことを主張した。しかしこの主張は，シャプタリザシオンの手法そのものほどには影響力をもたなかったとされる。Paul（1996）: 123-125.

113 Christian Foulonneau（2009）: 87-88. 日本の酒造法では，アルコール分15度を超えない範囲で葡萄果汁にショ糖，ブドウ糖，果糖を添加することが許可されている。野白喜久夫，小崎道雄（1993）: 121-122頁。その他，関根彰（1999）も参照。

114 A. de Vergnette-Lamotte, *Mémoires sur la viticulture et l'oenologie de la Côte-d'Or,* Dijon, 1846, cité par Loïc Abric（2008）: 53-54.

115 *Ibid.,* p.54; M. Lachiver（1988）: 358 ; H.W. Paul（1996）: 143.

116 Henri Machard, *Dangers que présente l'abus du sucre,* 1843. なお，ワイン生産者会議については，Abric（2008）: 387 ; Stanziani（2005）: 85 を参照。

117 A. de Vergnette-Lamotte, *op. cit.,* cité par L. Abric（2008）: 387.

118 Henri Machard, *Traité complet de vignification ou guide des propriétaires, négociants, vignerons, etc. dans toutes les opérations qui sont relatives à la meilleure manière de traiter les vins,* 4e éd., 1865.

119 Jullien（1836）: 122-127, 137-. なお，「自然ワイン」と「人工ワイン」という訳語について，字義どおりには，たしかに「自然」と「人工」の対置なのであるが，そもそもワインづくりは人為の介入なしには不可能である。したがってこの問題は，後者を「加工」と訳したところで解決するわけでもない。適切な訳語を案出するためには，当時のワインづくりをめぐる実態的側面の把握を基礎とすべきであり，さしあたり筆者は便宜的に「自然ワイン」・「人工ワイン」と訳しわけるにとどめた。

120 以下，グリフ法に関しては野村（2016）を参照。

121 行政命令レベルでは，すでに1879年9月の司法大臣通達が同趣旨の規定を含むものであった。Lachiver（1988）: 439. なお，グリフ法第2条および第3条により，新鮮葡萄果の絞りかすに砂糖と水を添加して発酵させたものを「砂糖ワイン vin de sucre」と，干し葡萄と水によるものを「干し葡萄ワイン vin de raisins secs」と呼ぶことが規定された。前者については，1891年7月11日法によって若干の改正をほどこされ，砂糖がくわえられないものについては「葡萄果絞りかすワイン vin de marc」との名称を付すべきことが義務づけられた。

122 ここで，「テリトワール」とは行政的区画など国家の上からの領域設定を意味するから，地域名を原産地呼称とするばあいには県やコミュンなどの行政領域がその基本的単位とされるという法解釈がなされているわけである。

123 1911年2月18日デクレが依拠する1905年8月1日法および1908年8月5日法は，そもそも産地呼称が可能な対象として「原産地」のほか，「地域的」呼称と「クリュ」呼称をも認めていた。「地域的」の代表として「シャンパーニュ」があげられる。他方「クリュ」のほうは，筆者が別稿において論じたように，18世紀から19世紀にかけてすぐれて商人により概念的に成長していき，1911年デクレのころには上質ワインを生みだす葡萄畑という特質を意味する用語になっていた。野村（2017a）。

124 現在のAOC法規定書でも，「ワインは，忠実かつ継続的に実践されるローカル慣行にしたがって醸造されるものとする」とされており，使用される文言は同一である。たとえば，Décret du 28 septembre 2015, Cahier des charges de l' A.O.C. «Bordeaux».

125 *La vigne,* no.158, octobre 2004, p.0.

126 Cité par G. Flutet, Délimitation des AOC: la matérialisation des limites géographiques du lien au

terroir d'une production, Wolikow（2015）: 191-197. いいかえれば，AOCとは「質および名声 notoriété」にもとづく原産地統制呼称である。つまり，「質 qualité」の両義性をささえるところの，上質ワインに代表される「良質性」の側面と，ワインたるにふさわしい構成物質をそなえる「資格」の側面の両立をめざしつつ，それを原産地の「名声」によって保証しようとする試みであったともいえる。

127 http://www.wipo.int/treaties/en/registration/lisbon/summary_lisbon.html〔2018年4月16日閲覧〕

128 INAOサイト https://www.inao.gouv.fr/Les-signes-officiels-de-la-qualite-et-de-l-origine-SIQO/Appellation-d-origine-protegee-Appellation-d-origine-controlee〔2018年4月16日閲覧〕

129 事件について，より詳しくは以下参照。"09. Juli 2005 - Vor 20 Jahren: Glykol-Wein-Skandal wird bekannt": http://www1.wdr.de/stichtag1338.html; Deutsche Apotheker Zeitung, 10.07.2008, In vino veritas: http://www.h-roth-kunst.com/glossays/2008_glossay_22_in_vino_veritas.pdf.〔いずれも2017年11月12日閲覧〕

130 キリングループおよびメルシャンの歴史については，以下の同社ホームページを参照。http://www.kirin.co.jp/company/history/nenpyo.html; http://www.kirin.co.jp/entertainment/museum/; http://www.chateaumercian.com/aboutus/〔2017年11月13日閲覧〕

131 詳しい統計資料は，国税庁のホームページ「酒のしおり」を参照。https://www.nta.go.jp/shiraberu/senmonjoho/sake/shiori-gaikyo/shiori/01.htm〔2017年11月13日閲覧〕

132 もっとも，何をもって「ブーム」とみなすかという問題は残る。NPO・FBO『E-mail研究レポート』Vol.41（2018年4月27日配信）「ワインを商材として活用しよう ～第1回：国内におけるワイン市場の変遷～」。

133 「果実等の製法品質表示基準」https://www.nta.go.jp/shiraberu/senmonjoho/sake/hyoji/kajitsushu/kokuji151030/index.htm；「酒類の地理的表示に関する表示基準」https://www.nta.go.jp/shiraberu/zeiho-kaishaku/kokuji/151030_3/index.htm〔いずれも2017年11月13日閲覧〕。国税庁課税部酒税課『酒のしおり』（平成30年3月）も参考になる。http://www.nta.go.jp/taxes/sake/shiori-gaikyo/shiori/2018/index.htm〔2018年5月15日閲覧〕

134 その他，焼酎については「壱岐」・「球磨」・「琉球」・「薩摩」，清酒については「日本酒」・「白山」・「山形」・「灘五郷」が認められている。（平成30年6月現在）

【補足資料】

◇◇第Ⅵ章の最後に

＊＊ ちょっとひと息 ＊＊＊＊

●ワインをよりおいしく楽しむ

教員　授業では，ワインに関する基礎的知識もお伝えしてきました。これで，ボルドーワインを飲みながら，ボルドーの歴史に思いを馳せる…そういう贅沢なひとときをすごすことができるというものです。いや，その準備ができたというべきでしょうか。とはいえ，当初から言っているように，やはり実際に料理とのマリアージュを楽しみつつ飲みながらでないと，ピンとこないことが多いようです。話しながら，つくづくそう思いました。

学生S　とても意味あるワインの講義をしていただき，ありがとうございました。ちょっと大人の知識を身につけることができたと思います。

学生Y　この講義をとってよかったと思いました。歴史が好きでこの授業を選んだのですが，気がついたらワインも好きになっていて一石二鳥でした(笑)

学生T　ヨーロッパの歴史的背景に絡めてワイン文化を学ぶことができて非常に楽しかったです♪

教員　ほんまかいな～(思わずエセ関西弁でツッコむ)。なんとまあ，みなして殊勝なことを言いますな。まあ，お世辞であっても，そういう声があると悪い気はしません。

学生H　子供のころは，「なぜワインって葡萄しか種類がないんだろう」と思っていましたが，だいぶ詳しくなりました。

教員　もうそんな疑問はでませんよね⁉街で「ピーチ・ワイン」なんて表記をみかけても，余裕で不敵な笑みをうかべつつ通りすぎることができますよね？

学生SR　ボジョレ・ヌヴォ解禁のときの話ですが，ワインを瓶ではなくペットボトルで売る企業があらわれる，といった内容の記事を目にしました。やっぱり，ワインは瓶からコップへ注ぎ飲むのが「筋をとおす」というものではないですかね。(表現が古くさいですか？)

教員　ぼくも同感ですねえ～。低価格帯のワインでは，スクリューキャップも多くなりはじめ，ワインのジュース化がすすんでおり，どうも抵抗があります。コルクを抜いてその匂いを嗅いだり，最初の一杯を瓶から注ぐときの「トクットクットクッ」という音を聞くのだとか，そういう情緒を楽しむのがたまらなくいいんですがねえ～。

学生JK　こじゃれた居酒屋で白ワインを頼んだのですが，正直イマイチ…白ワインには魚介があうと聞いたので，カキのグリルと一緒にいただいたのですが，相性がよかったのか悪かったのかさえも，わからなかったです。

教員　授業で少しだけかいまみるマリアージュの知識を総動員して，ゲーム感覚で楽しむのも一興でしょう。とはいえ，ごく一般の居酒屋では限界があるかもしれません。

学生TM　最近，DVDを観ながらお酒を飲むのが趣味です。まだビールでしかやったことないので，ワインでもいつか実践したいものです。故・今敏監督の映画はお酒にあうと思います♪

教員　映画とワインのマリアージュですか～！？考えもしませんでした。どんなマリアージュでも，幸福感にひたることができたなら，それはそれでけっこうなことだと思いますよ。

学生SM　ワインは日本酒というライバルがいるなかで，特別な祝いの席でのみ飲まれるという形が多いようです。でも，講義をとおして思ったのは，ワインにはそれだけではもったいない楽しみかたがあるということです。ちょっと気になるので，できたら自由レポートつくってきます♪

教員　ケースバイケースで飲みわけることができれば，それこそ「大人」の飲みかたというものでしょう。なにもワインだけにこだわる必要はありません。たかがワインです。しかし，「されどワイン」という側面もあるわけです。だからこそ，ヨーロッパでは古くから重宝されてきたし，明治日本の先人たちも熱心にワインを学んだのでしょう。自由レポート楽しみにしています。

FAQ

●●FAQコーナー●●

質問ノートには，ワイン関連のいろいろな質問が寄せられてきました。まだ答えていない質問を，FAQコーナーとして，最後にここで一気に公開しておきましょう♪

■栽培・醸造関連について

学生YY　葡萄のちがいは何で決まるんですかね？やっぱり糖分ですか？それとも香りとかもっと重要なちがいがあるんですか？

教員　一概にはいえませんが…重要なのは葡萄に含まれる内容成分がどの程度つまっているかということです。糖度はもちろん，酸，ミネラル，タンニン，ポリフェノールなどが多く，かつバランスよく含まれていれば，葡萄がよく育った結果ですから，良作の葡萄ということになります。凝縮感のある（＝ボディーのしっかりした）ワインになります。

学生KR　ワインのエチケットをみると，よく酸化防止剤が入っているものが多いのですが（たしか亜硫酸塩），あれってやっぱマズイんですかね？

教員　たいていのワインには，SO_2が多かれ少なかれ入っています。もちろん，添加量は法的に規制されているわけです。日本では含有量350mg／ℓが限度です。EU法では10mg／ℓ以上の含有量で含有の事実をエチケットに記載しなければなりません。いずれにせよ，健康に害のない程度に入っている，ということになっています。しかし，あまり気にしているとワインを飲めなくなってしまいます。ちなみに，自然派ワインとか有機栽培とかビオワインとか，そういったワインについては，健康志向の潮流に言及したときに説明しましたかもしれませんが，「未使用」と宣伝してはいても，いったいワインづくりのどのプロセスで「未使用」なのか判然としないことも多く，100%信用してしまうのも人がよすぎるというものでしょう。それでも，健康志向とやらいう流行のせいか，売れてしまうようです。

学生WH 「自然派」なる生産者のなかには，宗教的な要素も重視するむきもあるようですが，そのあたりのことを詳しく教えてください。

教員 「ビオディナミ」という一派が，それにあたります。ロワール地方のニコラ・ジョリという生産者が先駆者で，その思想は，葡萄の生育は自然の摂理にしたがっているのだから，その自然を最大限に尊重した栽培法をとれば，葡萄は理想的にできるはずだ，との信念にささえられています。それは，牛肥など自然に存するものを混ぜあわせた土壌を使用し，天体があたえる生命エネルギーを重視して，月や星座の位置関係をもとにつくったカレンダーにそって農作業をすすめたり，といったことです。悪く言えば宗教的というか，神秘的といいますか，よく言えば「自然に帰れ」ということにでもなりましょうか。いずれにせよ，こうしたやりかたが葡萄の生育をよりよくする可能性はありますが，その側面と，醸造をへてできあがるワインの問題は別です。授業でお話ししたように，醸造過程では酸化を防止したり，微生物の活発化をおさえたりと，いろいろな事態に対処しなければなりませんが，SO_2以外のよい方法はいまだみいだされていないのが現状だ，というのが通説です。このへんを誤解しないようにしないといけません。安易に宣伝に踊らされて，他人の手のひらのうえで踊らされるようなことになっては，おもしろくありませんしねえ。

学生KY 糖をくわえて，アルコール度数を高めることができるという補糖が話題になったことがありましたが，葡萄果汁を発酵前に濃縮することで糖度を高めることが可能になると思うのですが，そのあたりの規制はあるのでしょうか。

教員 もちろん，規制があるわけです。補糖にも規制があります。天然自然の葡萄をそのままワインにするのが究極の理想ですから，あまり人工のものをくわえるのは邪道，というわけです。葡萄果汁の濃縮は，古代ローマ時代から実践されてきた手法ですが，できたワインの香りが劣化するため，ワインの質を重視するようになる18世紀ころになると避けられる傾向が強くなっていきました。補糖は，果汁濃縮の代替として，18世紀ころから多用されるようになっていき，19世紀に入ると一定の制約のもと合法化されるにいたるわけです。現在では，葡萄生育のうまくいかない地域のワインについて，いずれも例外的に許可されるのみです。まあ，当局の目を逃れて，こっそりやっている生産者も少なくないという噂もちらほら耳にはしますが…。

■熟成について

学生KY バイト先の先輩から聞いたのですが，ワインは飲み干さず，ボトルの底に少し残すそうですね。もったいないじゃないですか。先輩は，底のほうは「苦い」とか「毒が入ってる」とか，あやふやな解答で，はっきりわか

りませんでした。真相やいかに⁉

教員　熟成していくうちに澱が沈殿していくタイプのワインにあてはまります。タンニンやアントシアニンなどの成分が，時間とともに化学変化をおこし，固体となって沈殿していきます。だから，もっぱら赤ワインに該当するのですが，そうした沈殿物を一緒に飲まないようにするため，ワインを少し底に残したり，あるいはデカンタージュしたりします。そもそもワインの成分が沈殿したものですから，毒なわけはありません。けっしてウマイものではありませんが…お好みならば，ワインと一緒にお飲みください(^^)

■保存について

学生WA　ノートを読みかえしてみて，はじめて友達がいっぱい先生の授業を受けていることを知りました。みんな元気か～ (^.^)

教員　おいおい，このノートはSNSかよ～！で，ご質問は？

学生WA　保存方法って，ワインごとに違うと思いますが，基本的に，常温で日光にあてないようにすれば大丈夫でしょうか？私はなんでも冷蔵庫に入れてしまうので…。

教員　何年も入れっぱなしにしておくのは，さすがに抵抗がありますが，そうでなければ新聞紙にでも包んで入れておけば問題ありません。根拠なく信じられている「俗説」もあふれているので，賢い消費者としてはそれに踊らされないようにしなければなりません。

学生WA　最後に，最近知った雑学(ムダ知識)を…。中国語でも「ロリコン」は「ロリコン」だそうです。しょうもない言葉ばっか輸出してんじゃねーよ日本!! (笑)

教員　まあまあ，おさえて…。

学生TR　自宅にワインセラーのあるかたは「ちょうどよい室温と湿度に保っています」といいますが，スーパーやデパートは一律になっています。保存は大丈夫なのでしょうか？？

教員　上の冷蔵庫の論理と同じで，何年も放置しておくわけでなければ，たいした影響はありません。スーパーなどはすぐに売れていくことを想定しますので，何ヶ月も売れないとなると，安売りでもしてなんとか在庫をはけさせようとします。基本的に早飲みを想定しているワインだから，そうしているわけです。買ったほうとしても，そういったワインを何年も保存することなく，とっとと飲んだほうが身のためでしょう。

とはいっても，なかには少し時間をおいて飲んだほうがよいワインも，他の早飲みワインと同列にして売られていることがあります。これは販売店の無知も大いに関係していることなのですが，早飲みワインと熟成すべきワインとの区別をつけることができてないのです。そこで，われわれとしては，賢い消費者になって，賢い買いかたができるようにならねばなりません。売り手の論理に踊らされることなく，みずからのしっかりした考えを基盤に，賢い消費者として振る舞うことのできる態勢をととのえることが求められるのです。

学生KT　20歳になったらグランクリュを買って，自宅に寝かせようと思うのですが，ベッドの下のひきだしとかでも大丈夫なんでしょうか？

教員　モノにもよりますが1～2年くらいなら大丈夫でしょう。ただし，ワインセラーや冷蔵庫よりも，かなり熟成が早くすすみますので，2年のところを半年とか1年くらいで飲む，といった感じにしたほうがよいかもしれません。あくまで個人的な経験からですがね…。ただし，飲みごろはミレジムによってもちがうので，一概には言えません。出来のよいミレジムなら，もう2～3年くらい長めに寝かせるといった感じです。あとは，経験によって培われた勘がものをいいます。

●デギュスタシオンのこと

教員　いきなり「デギュスタシオン(dégustation)」と言われて，意味のわからない人もいることでしょう。でも，なんてことはなくて，英語の「テイスティング」とほぼ同じ意味です。本講義では，フランス語表現に慣れていただく一環として「デギュスタシオン」としました。「味わう」という意味の動詞「デギュステ(déguster)」の名詞形です。そういえば，コーヒーのデギュスタシオンに精通している学生さんがいましたね。コツでもあればご教示ください(^^)

学生A　産地による違いが一番わかりやすいかもしれません。アフリカ大陸，太平洋東南アジア，南米等々。あとは，香り・コク・酸味・風味。くるみのような感じや，ココアパウダーのような舌触りがするものはわかりやすいです。

教員　ほぅほぅ(._.)φメモメモ

学生A　私が一番おもしろいと思ったのは，アメリカンチェリーのような風味がするものです。そして，フードペアリングを考えるのも重要です。フードの味の強さと，同等のインパクトのあるコーヒーを合わせると最高ですよ！

教員　聞けば聞くほど，そのやりかたはワインのデギュスタシオンと同じですなぁ。どんな飲食料でも共通するということですかね。いやぁ～勉強になりました。

ところで，ワインのデギュスタシオン・コメントを一度は耳にしたことがあることと思います。なんか難しいな～と感じる人もそうでない人もいることでしょうが，実のところ，説得力のある(＝分析的な)コメントというのは多くありません。時として，同じことを言葉をかえて反復しているにすぎないこともあります。例として，某社による白ワインの説明をみてみましょうか。これは冗談などではなく，脚色なしに，某社の宣伝用コメントをそのまま掲載しています。

「印象的で鮮やかな，濃い黄金色。複雑で芳香の強いノーズは，ピーチ，オレンジピール(砂糖漬けの果皮)，スパイス，ドライフルーツ，アプリコットの含みを示し，ほのかなマスカットの香りを持つ。ミディアムボディ，フレッシュでフルーティー，調和しており，熟し少々スパイシーな果実味の核と，きれいにバランスの取れた酸味を持つ。アロマは風味で反映され，更に快いオレンジのタッチが甘味とのバランスを取っており，更に長い後味で快く余韻に残り，ハニーの含みが伴う。」

どうでしょう。なんとわかったようなわからないような感じでしょう？日本語として美しくないばかりか，同語反復や意味不明の部分もあります。耳あたりのよい単語を無秩序にならべているだけという印象もあります。頭に浮かんだ表現を，かたっぱしから口にしている感じでもあります。あきれるほどに，まったく分析的ではありません。1本4,000円近くで売っているワインなんですが，これをみて買う人がいるのですから，おったまげたもんです。不況なんてウソではないかと思えてきます（笑）

デギュスタシオンのコメントは分析的でないことが多く，むしろ言葉の響きのよい台詞が羅列されている場合が一般的で，いかに消費者の気をひくかということが勝負なのです。ですから，さきほどの「ボディー」と同様に，われわれ消費者の側が主体的かつ客観的に判断すべきなのです。

学生WE　デギュスタシオンをしたとき，悪くなっているかどうかは，どうやってわかるのでしょう？悪くなったワインの香りや味を知らないと，そのワイン特有の香りなのか，カビ臭いのか，わからないと思うのですが。

教員　かといって，あらゆる種類のワインを飲むことは，なかなか難しい。が，そんなことしなくても，「不快なにおい」を嗅ぎわけることはできる。なぜか。それは，香りというものが人間の主観的判断によっているからです。ある香りを嗅いで，主観的に不快だと思えば，それを欠陥香だと判断するというにすぎません。

たとえば，あるワインにムスク香がみられたとしましょう。ムスク香だけが強く主張していたら，たいていの人は不快に思うのではないでしょうか。しかし，控えめにしか香ってこなくて，しかも他の香りと混じりあって，ひとつのアクセントとして香り全体をひきたてているような働きをしていたとしたら，そのムスク香は不快どころか，良質の香りと判定されることになるわけです。また，カビ臭さというのは，たいていの人が不快に思うでしょう。だから欠陥香です。それをわざわざワイン特有の香りにする生産者はいないでしょう。

いずれにせよ，香りについては，実践で少しずつ鍛えていくしかありません。そういう意味では，ぼくも修行中の身といえるでしょう。お互いがんばりましょう。

学生IC　先生は，いつからおいしいと思うようになりましたか？

教員　えっとですね，ぼくは，大学生のときにワインをおいしいと思ったことは，これっぽっちもありません（キッパリ）。心からおいしいと思ったのは，29歳でボルドーに留学してから，現地で飲んで以来です。もっとも，ぼくの大学時代には，周りでワインなんて気安く飲む文化はありませんでしたけどね。ましてや，ワイン関係の授業なんて大学で聴講できるわけない。今は，フランスワインでも安く買えますし，ネットや販売店で買い求めやすくなりました。今の時代に大学生をやっていたら，ぼくだって10年ほど早くワイン好きになり，たちまち財政破綻に陥っていたことでしょう。その意味で，みなさんはうらやましい時代に大学生をやっているといえるでしょう。

学生SK　先日Wさんと焼肉に行ってまいりました。ワインを頼み，グラスに半分以上注がれていて，まだまだだな（フッ）と思いました。グラスの下のほうをもち，5回ほど回し，3回ほど香りを嗅ぎ，また5回ほど回していたら，周りの友だちに笑われました(一一;)

教員　それでしたら，ぼくもつい笑ってしまったかもしれません……あ，失礼(^^ゞしかし，学習は模倣からはじまるともいうではありませんか。最初はみようみまねからスタートしてもよいと思います。まあ，中途半端なウンチクを聞かされつづけるようであれば，さすがのぼくも無表情でそのまま席をたつことでしょうけれども…。

●児童書コーナーにあった阿部謹也

学生KM　『自分のなかに歴史をよむ』を借りました。大学図書館のは全部！貸出中でした。それで仙台の図書館に行くと，なんと児童書コーナーにあったんです!!

教員　なんとなんと！ですな…。いったい，どういうことでしょうなあ〜(^_^;

学生KM　それから，『怪帝ナポレオン3世』読みだしました。

教員　鹿島茂さんの本ですね。読みものとしては，なかなかおもしろいかもしれませんね。ただし，鹿島さんは文学が専門ですから，あくまで「読みもの」です。想像力を駆使して，おもしろおかしく歴史を「創造」しています。だから，歴史書として読めば，いたるところに「？」がつくわけです。そこのところを自覚していれば，よい読書になるかと思います(^^)

●学期の授業が終わって

学生　ふぅ〜。やっと授業が終わった〜。やれやれ…長かったぜ。

教員　ん？何か言いましたか？

学生　い，いえ。何も言ってませんよ？先生の気のせいじゃありませんか⁇

教員　そうですか。「授業がやっと終わった」とか「やれやれ」とか何とか聞こえたような気がしたものですから。

学生　（う，しっかり聞かれてたか…）そ，そ，それはですねぇ，試験にむけて頑張ろうという気合いといいますか何といいますか…。

教員　まあ，いいでしょう。授業が一段落してホッとする気持ちはわからなくはありません。

学生　（ほっ）

教員　しかし君，ここで気を抜いてはいけませんよ。試験というものがあるんですから。

学生　は，は，はいぃぃ。それは重々承知しております〜！

教員　それはよい心がけです。

学生　しかし先生。大学の授業というのは，小さなテーマを深く専門的にやるものですから，なかなか試験勉強も大変になりそうです。

教員　それも大学時代のよい思い出になりますよ，きっと（笑）。

学生　あのぉ，先生，笑いごとではないですよ〜。大学生活が楽しくなるか苦しくなるか…単位を今回どれだけ取得できるかにかかってるんですから！

教員　おっと，これは失礼。しかし何か問題でも？まさか一夜漬けですまそうなんて思っていたのではないでしょうね？

学生　いやだなぁ～先生。そんなわけないじゃないですか～。（くっ，心を読まれてるぜ…）

教員　それならいいんですけど。まあ，おっくうがらずに，レジュメを最初から読みかえしてみてくださいよ。騙されたと思ってね。

学生　はあ…（騙されそうな気がするな）。

教員　念のために補足しておきますが，レジュメというのはフランス語のrésuméでして，「要約する」という意味の言葉（résumer）の名詞形です。つまり，レジュメには授業内容のエッセンスが詰まっているのです。

学生　へぇ～「レジュメ」というのはフランス語だったんですかぁ！

教員　きみきみ，感心するポイントが違いますよ（苦笑）。

学生　（頭を掻きながら）あ，そうでした（へへへ）。

教員　言いかたを変えれば，レジュメには，私が授業中に口頭で補足したようなことは書いてないのです。そこで，試験では授業をちゃんと聴いていたかどうかということも問われることになります。

学生　ひぇ～

教員　君はちゃんと毎回出席していたので，問題ないでしょう？

学生　も，もちろんですよ～（汗）

教員　よろしーい。本講義は，主に1年生対象ということで，小難しい歴史用語や概念用語をできるだけつかわず，とっつきやすいテーマを身近なものにひきつけつつ話すことを心がけました。そうやって，歴史的思考に慣れるということに力点をおいたわけです。世界史未履修問題なんてのもありますので，高校教科書レベルの内容ももりこみつつ。みなさんがどれほど理解してくれたか自信はありませんが，歴史の授業を受講したことは，けっしてマイナスにはならないことでしょう。歴史に背を向けることは，現在から目を背けることです。人文系学問は，俗に言うところの「役に立つ」ようなシロモノではありませんが，中長期的に人の心に滋養をあたえてくれます。今後ともクソ勉強に邁進され，目先の利益にとらわれない豊かな人間性（教養）を養われんことを祈ります。

では，これにて基幹科目「歴史と人間社会」の講義を終了いたします。ご静聴ありがとうございました。あとはみなさん試験がんばってください。また縁がありましたら，どこかでお会いしましょう。それではみなさん，ごきげんよう。（と，スマートに教室を去っていく）

■■しがない歴史教師のひとりごと
究極の「よい講義」とは

それは居眠り者がゼロの講義だ…と最近つくづく思うようになった。ついついひきこまれて，あっというまに90分経過してしまう。そんな講義が理想的だと思う。

しかしこれは，はっきりいって非常に難しい。そのことは，講義を受講する学生の立場からもわかると思う。だいいち，受講生みながみな同じ関心で受講しているわけではない。講義がどんなにうまくいったと自画自賛したくなるような時でさえ，数人は机にうつぶして爆睡しているものだ。それをみるたびに，心のなかでは「このやろう」と思いつつも，あえて触れることなく，気づかないふりをして，淡々と授業をこなす。

大学院講義になると，さすがにそんなことはなくなる。一般市民を相手にする講座だと，みなお金を払ってまで聞きに来ているわけだから，目つきからして違う。大学もお金を払ってまで来ているはずなのだが，市民講座のようにはいかないのが世の常だ。ただ，誤解のないよう付言しておこう。小さい字で書かれてあるにもかかわらず，あえてこれを読んでいるみなさんは，市民講座の受講生並みにすばらしい！

大学の講義のほうは，いろいろと試行錯誤をしているが，一向に「究極のよい講義」に到達しそうにない。それどころか，この試行錯誤は，大学教員をやめるまで継続するのだろう，きっと。

ちなみに，とあるバラエティ番組において田崎真也という世界一ソムリエが出演し，ワイン素人である男性アイドルにイロハのイを教授するタイムリーな企画があり，授業ではそれを教材としてみせてみた。やはり，しがない歴史教師がしゃべるときにはみられなかった目の輝きが，教室を支配した。アイドルには勝てないわな……。

睡眠学習の時間を減らそうという，涙なしには語れない試行錯誤の一環。時として，ソムリエのコスプレで講義をする筆者。

参考文献

本書の内容をより深く追究したい読者は，以下の書籍を手にとるとよい。

〔欧語文献〕

Abric, L. (2008), *Les grands vins de Bourgogne 1750-1870,* Précy-sous-Thil: Éditions de l'Armançon.

Ageorges, S. (2006), *Sur les traces des expositions universelles 1855 Paris 1937: à la recherche des pavillons et des monuments oubliés,* Paris.

Andia, B. de (dir.), (2005). *Les expositions universelles à Paris de 1855 à 1937,* Paris.

Bonal, F. (1984), *Le Livre d'or du champagne,* Lausanne.

Brillat-Savarin (1826), *Physiologie du goût, ou méditations de gastronomie transcendante,* Paris.

Cadier-Rey, Gabrielle (1970), *Bordeaux et le libre-échange sous le Second Empire,* 3 vol, thèse de troisième cycle, Université Michel de Montaigne Bordeaux III.

Chaptal (comte), J.-A. (1839), *L'art de faire le vin,* 3e éd, Paris.

Cook, C. & Stevenson, J. (1991), *Longman Handbook of Modern European History, 1763-1991,* Halow, UK.

Cocks, C. (1868), *Bordeaux, ses environs et ses vins classés par ordre de mérite* (2e éd.), Bordeaux: Féret.

Corbin, A. (1995), *L'avènement des loisirs, 1850-1960,* Paris.

Crosby, A. W. (1973), *The Columbian Exchange : Biological and Cultural Consequences of 1492,* Greenwood Press.

Demeulenaere-Douyère(dir.), C. (2010), *Exotiques expositions...Les expositions universelles et les cultures extra-européennes France, 1855-1937,* Paris.

Dion, R. (1959), *Histoire de la vigne et du vin en France des origines au XIXe siècle,* Paris.

Drouin, J.-C. (1978), Les journaux et périodiques consacrés aux problèmes de la vigne et du vin dans la Gironde (1800-1939), in Huetz de Lemps et al.(dir.), *Géographie historique des vignobles* (pp. 45-57), Paris.

Duby, G. & Wallon, A. (1992), *Histoire de la France rurale*, t.3., Paris.

Foulonneau, C. (2009), *La vignification*, 3e éd., Paris.

Gaillard, M. (2003), *Paris, les expositions universelles de 1855 à 1937*, Paris.

Gandilhon, R. (1968), *Naissance du champagne: Dom Pierre Pérignon*, Paris.

Garrier, G. (1995), *Histoire sociale et culturelle du vin*, Paris.

Gautier, J.-F. (1996), *Histoire du vin*, Paris.

Guyot, J. (1860), *Culture de la vigne et vinification*, Paris: Librairie agricole de la Maison rustique.

Id. (1866), *Sur la viticulture de l'ouest de la France. Rapport, etc*, Paris.

Id. (1868), *Étude des vignobles de France pour servir à l'enseignement mutuel de la viticulture et de la vinification francaises*, Paris.

Hinnewinkel, J.-C. (2001), Les usages locaux, loyaux et constants dans les appellations viticoles du Nord de l'Aquitaine: Les bases des aires d'appellations d'origine, in *Le vin à travers les âges: produit de qualité, agent économique, colloque organisé par le Centre d'études et de recherches d'histoire institutionnelle et régionale* (pp. 133-146), Bordeaux.

Isay, R. (1937), *Panorama des expositions universelles*, Paris.

Johnson, Hugh and Jancis Robinson (2007), *The World Atlas of Wine*, London.

Jullien, A. (1813), *Manuel du sommelier*, 1re éd., Paris.

Id. (1836). *Manuel du sommelier*, 5e éd., Paris.

Lachiver, M. (1988), *Vins, vignes et vignerons : histoire du vignoble français*, Paris.

Lavalle, J. (1855). *Histoire et statistique de la vigne et des grands vins de la Côte-d'Or*, Paris.

Lavaud, S. (2003), *Bordeaux et le vin au Moyen Âge: Essor d'une civilisation*, Bordeaux: Éditions Sud Ouest.

Markham Jr., Dewey (1997), *1855: A History of the Bordeaux Classification*, New York. [Translated into French, *1855: histoire d'un classement des vins de Bordeaux*, Bordeaux, 1997.]

Martin, J.-C. (2009), *Les hommes de sciences*, Paris.

Musset, B. (2008), *Vignobes de Champagne 1650-1830*, Paris.

Paul, H. W. (1996), *Science, Vine, and Wine in Modern France*, Cambridge Press.

Petit-Lafitte, A. (1868), *La vigne dans le Bordelais*, Paris.

Philipps, R. (2016), *French Wine: A History,* University of California Press.
Pitte, J.-R. (2009), *Le désir du vin à la conquête du monde,* Paris.
Pouthas, C. (1948), *Démocraties et capitalisme (1848-1860),* Paris.
Renouvin, P. (1946), *La question d'Extrême-Orient 1840-1940,* Paris.
Id. (1994), *Histoire des relations internationales,* 3 vol., t.2, Paris.
Robert(dir.), E. (1990), *Histoire de Bordeaux,* Toulouse: Privat.
Roudié, P. (2e éd., 1994), *Vignobles et vignerons du Bordelais (1850-1980),* Bordeaux.
Salins, H. (1702), *Défense du vin de Bourgogne contre le vin de Champagne,* Luxembourg.
Simonin, L.-L. (1878),*Les grands ports de commerce de la France,* Paris.
Simpson, J. (2011), *Creating Wine,* New Jersey: Princeton University Press.
Stanziani, A. (2005), *Histoire de la qualité alimentaire (XIXe-XXe siècle),* Paris.
Unwin, T. (1996), *Wine and the Vine: an Historical Geography of Viticulture and the Wine Trade,* London, New York: Routledge.
Varriano, J. (2010), *Wine: A Cultural History,* London: Reaktion Books.
Villier (dir.), P. (1997), *Les Européens et la mer: De la découverte à la colonisation (1455-1860),* Paris.
Wine & Spirit Education Trust, (2011), *Wines and Spirits: Understanding Style and Quality,* London.
Wolikow (Serge) et Florian Humbert (dir.), *Une histoire des vins et des produits d'AOC: l'INAO, de 1935 à nos jours,* Dijon, 2015.

〔邦語文献〕（訳書含む）

ガリエ，ジルベール（2004）『ワインの文化史』八木尚子（訳），筑摩書房。
グッド，ジェイミー（2008）『ワインの科学』梶山あゆみ（訳），河出書房新社。
クレイマー，マット（1994）『ワインがわかる』塚原正章・阿部秀司（訳），白水社。
クロスビー(1998)『ヨーロッパ帝国主義の謎：エコロジーから見た10～20世紀』佐々木昭夫（訳），岩波書店。
コルバン，アラン（2010）『レジャーの誕生』渡辺響子（訳），藤原書店。
ジョーダン，テリー（1989）『ヨーロッパ文化：その形成と空間構造』大明堂。

ディオン，ロジェ（2001）『フランスワイン文化史全書―ぶどう畑とワインの歴史―』福田他（訳），国書刊行会。
同上（1997）『ワインと風土』福田育弘（訳），人文書院。
ピット，ジャン＝ロベール（2012）『ワインの世界史：海を渡ったワインの秘密』幸田礼雅（訳），原書房。
ブリア=サヴァラン（1967）『美味礼賛』（上・下），関根秀雄・戸部松実（訳），岩波書店（岩波文庫）。
プレシ，アラン＆フェルターク，オリヴィエ（2000）『図説　交易のヨーロッパ史―物・人・市場・ルート―』高橋清徳（編訳），東洋書林。
モラ・デュ・ジュルダン，ミシェル（1996）『ヨーロッパと海』深沢克己（訳），平凡社。

麻井宇介（1992）『日本のワイン・誕生と揺籃時代』日本経済評論社。
同上（2001）『ワインづくりの思想』中央公論社。
朝倉文市（1996）『修道院にみるヨーロッパの心』（世界史リブレット 21），山川出版社。
阿部勤也（1988，再出版 2007）『自分のなかに歴史をよむ』筑摩書房。
一般社団法人日本ソムリエ協会（編）（2017）『日本ソムリエ協会教本2017』一般社団法人日本ソムリエ協会。
伊藤真実子（2008）『明治日本と万国博覧会』吉川弘文館。
井上幸治（編）（1968）『フランス史』山川出版社。
岩波講座『世界歴史』（1969），第 7 巻：中世ヨーロッパ I，岩波書店。
上杉忍，山根徹也（編）（2010）『歴史から今を知る　大学生のための世界史講義』山川出版社。
臼井隆一郎（2005）『榎本武揚から世界史が見える』PHP 研究所。
大戸千之（2012）『歴史と事実――ポストモダンの歴史学批判をこえて』京都大学学術出版会。
大塚謙一（1992）『きき酒のはなし』技法堂出版。
小田中直樹（2004）『歴史学ってなんだ？』PHP 研究所。
鹿島茂（1992）『絶景、パリ万国博覧会：サン＝シモンの鉄の夢』河出書房新社。
河原温（1996）『中世ヨーロッパの都市世界』（世界史リブレット 23），山川出版社。

熊野聰（1986）『北欧初期社会の研究』未来社。
同上（1994）『サガから歴史へ』東海大学出版会。
同上（1998）「第二章　ヴァイキング時代」，百瀬宏他（編）『新版世界各国史 21　北欧史』（25-41 頁），山川出版社。
古賀守（初版 1975；11 版 1997）『ワインの世界史』中公新書。
近藤和彦（編）（1999）『西洋世界の歴史』山川出版社。
佐藤亨（編）（2007）『幕末・明治初期漢語辞典』明治書院。
佐藤賢一（2003）『英仏百年戦争』集英社新書。
坂口謹一郎（2007）『日本の酒』岩波文庫。
柴田三千雄・弓削達・辛島昇・斯波義信・木谷勤（1991）『新世界史 改訂版』。
「世界の歴史」編集委員会（編）（2009）『もういちど読む山川世界史』山川出版社。
関根彰（1999）『ワイン造りのはなし　栽培と醸造』技報堂出版。
高田公理；嗜好品文化研究会（2008）『嗜好品文化を学ぶ人のために』世界思想社。
高山博（1997）「フランス中世における地域と国家―国家的枠組みの変遷」，『地域のイメージ』地域の世界史 2 所収，山川出版社。
武田龍夫（第 9 版 2004 年）『物語　北欧の歴史』中公新書。
地中海学会（編）（2002）『地中海の暦と祭り』刀水書房。
辻原康夫（2002）『世界地図から食の歴史を読む方法』河出書房新社。
寺本敬子（2017）『パリ万国博覧会とジャポニスムの誕生』思文閣出版。
童門冬二（2014）『なぜ一流ほど歴史を学ぶのか』青春新書。
内藤道雄（2010）『ワインという名のヨーロッパ』八坂書房。
中井義明他（2007）『教養のための西洋史入門』ミネルヴァ書房。
二宮素子（1999）『宮廷文化と民衆文化』山川出版社。
野白喜久夫，小崎道雄（1993）『改訂 醸造学』講談社。
野村啓介（2002）『フランス第二帝制の構造』九州大学出版会。
同上（2005）「『1855 年格付』制定にみる『ボルドーワイン』ブランド創出の試み：地域権力としてのボルドー商業会議所」，『ヨーロッパ研究』（東北大学大学院国際文化研究科ヨーロッパ文化論講座）第 5 号（107-134 頁）。
同上（2015）「フランス第二帝制下のボルドー商業界とワインづくり―1850 年代ボルドー商業会議所における砂糖関税論議を手がかりとして

―」,『ヨーロッパ研究』(東北大学大学院国際文化研究科ヨーロッパ文化論講座)第 10 号(155-202 頁)。
同上(2016)「近代フランスにおけるワインづくりと商人論理―ボルドー地方の事例をつうじた原産地呼称制度前史―」,『国際文化研究科論集』(東北大学大学院国際文化研究科)第 24 号(57-71 頁)。
同上(2017a)「近代フランス・ボルドー地方におけるワイン格付思想と商人論理―「クリュ」概念の史的展開を手がかりに―」,『歴史』(東北史学会)第 128 輯(1-23 頁)。
同上(2017b)「近代フランス・ボルドーの商人と地域権力―1855 年パリ万国博覧会とワイン―」, 玉木俊明, 川分圭子(編)『商業と異文化の接触―結合される世界の経済』, 吉田書店(477-507 頁)。
橋本周子(2014)『美食家の誕生:グリモと「食」のフランス革命』名古屋大学出版会。
増田四郎(1967)『ヨーロッパとは何か』岩波新書。
三谷博(2003)『ペリー来航』吉川弘文館。
南直人(2015)『「食」から読み解くドイツ近代史』ミネルヴァ書房。
服部良久他(2006)『大学で学ぶ西洋史[古代・中世]』ミネルヴァ書房。
平野千果子(2002)『フランス植民地主義の歴史:奴隷制廃止から植民地帝国の崩壊まで』人文書院。
廣田襄(2013)『現代化学史 ―原子・分子の化学の発展』京都大学学術出版会。
深沢克己(2017)『マルセイユの都市空間:幻想と実存のあいだで』(世界史の鏡, 都市 6)刀水書房。
堀越宏一(1997)『中世ヨーロッパの農村世界』(世界史リブレット), 山川出版社。
安間宏見(2001)『ワインの謎解き』新潮 OH! 文庫。
山川出版社(1991)『新世界史』(改訂版), 柴田三千雄他著。
山川出版社(2009)『もういちど読む 山川世界史 』木谷勤他著。
山川歴史体系『フランス史』(1995), 山川出版社。
山本博(2000)『フランスワイン 愉しいライバル物語』文藝春秋。
同上(2003)『ワインが語るフランスの歴史』白水社。
同上(2005)『ワインの女王 ボルドー』早川書房。
山本博, 高橋梯二, 蛯原健介(2009)『世界のワイン法』日本評論社。
山本博文(2013)『歴史をつかむ技法』新潮新書。

弓削達（1986）『歴史学入門』東京大学出版。
弓削尚子（2004）『啓蒙の世紀と文明観』山川出版社。
吉田光邦（編）（1985）『図説　万国博覧会史　1851-1942』思文閣出版。
同上（編）（1986）『万国博覧会の研究』同朋社。
渡辺節夫（1995）「中世の社会ー封建制と領主制」，『世界歴史大系フランス史１』山川出版社。

あとがき

高校の授業のなかで，歴史科目（ことに世界史という科目）は，生徒の評判が悪いことにかけて先頭集団を構成するといっても過言ではない。そこでは，単調な「暗記科目」との烙印をおされるのが一般的なのである。他の科目にしても，たとえば英語なども暗記科目ではないか。なのに，なぜ歴史科目が目の敵にされるのだろう。歴史教師にとって，これはただごとではない。本書の構想は，筆者がいだいてきたそのような疑問に端を発する。

上の疑問に対する解答の全貌を明るみにだすことができたわけでは毛頭ないが，部分的にせよ本書に反映させることができたのではないかとの自負もある。それは，知的刺激よりも単位取得に邁進する学生を相手に，いかにして歴史学のおもしろさを伝えるか，という目標にむかっての格闘（いや，むしろ暗中模索）でもある。

講義では，高校世界史レベルのヨーロッパ史についての学習内容を復習することを意識しつつ，その延長線上で付加的に多少なりとも専門的な内容を説明し，なおかつそこにワインの歴史と文化を密接にからめた内容にしたかった。しかし，それを満足させることのできそうな既成の教材などなかなかみつからず，そこでしかたなく重い腰をあげて講義用の教材を自作しはじめたのが本書のきっかけだった。毎年度，少しずつ授業ノートに加筆修正をくわえつつ，ワイン文化史の理解に必要な項目を補足しながら教材の内容は膨らんでいった（そしてこれからも膨らむことだろう）。したがって本書の大部分は，筆者が勤務する東北大学の全学教育の枠組で，展開科目「歴史学」および基幹科目「歴史と人間社会」の講義用に構想した内容を柱としている。

ただし，多少なりとも専門的な内容をもりこんだとはいえ，通常の西洋史関係教科書とはくらべものにならないくらいに記述の空隙が生じたことも事実である。それは，あまりに狭く深くしすぎて全体像がみえにくくなるのを避けたかったせいでもあるが，それ以前の問題として筆者自身の能力の限界に根ざす部分も少なくはない。そのあたりは今後の改善に期待していただくとして，ご寛恕いただくしかない。

＊ ＊ ＊

ところで，2006 年ころ世界史未履修の問題が世間を賑わせたことがある。そのときから，筆者は受講生に対して「高校の世界史授業でどのようなことを学習したか」というアンケートをとりはじめることにした。幸いなことに，全学教育の受講者は，若干の例外をのぞいて大学入学したての学生が絶対多数を占める。高校時代の記憶が新鮮なうちにその種の調査を実施できたことは，貴重な情報を収集するまたとない機会となった。

調査開始から 10 年以上になるが，そこから浮かびあがってきたのは，進学校であればあるほど，あるいは理系クラスであればあるほど，世界史の授業時間が少なくなるということ，実質的な学習時間が確実に減っているということである。驚くことに，なかには世界史を履修した記憶さえない猛者もちらほらと存在する。その実態がどうであれ，問題なのは履修した記憶さえないほどに高校時代の世界史授業が存在感をもっていない，ということである。講義内容に高校世界史レベルの事項を多少なりとも意識的にとりいれたのは，そのような考えが念頭にあったからにほかならない。

折しも，大学の教育現場では，授業の質をいかに向上させるかという試行錯誤への動きが年をへるにつれ強まっている。授業の充実化をめざし教員の授業担当能力を向上すべく FD（ファカルティー・ディヴェロップメント）が開催され，シラバス作成法や授業設計法などが意識的にテーマ化されている。その一環として，他の教員の講義を見学することも推奨される。そこで力説されるのは，一方向的な従来の授業法から対話型のそれへという，授業のありかたに関する意識変革ともいうべきものであった。あげくには，すべての授業において学期末に受講生による授業評価を実施することにもなり，教員側にとってある種の緊張感がもたらされたことはけっして悪いことではない。もとより，受講生との対話を重視し，それをつうじて教材の内容にも改良をくわえようと悪戦苦闘していたこともあり，筆者がこうした動きになんら目新しさを感じなかったといってしまえばそれまでだが。ただし，一部の科目において導入されつつあるクウォータ制は，人文系学問の授業にたずさわる者にとって露ほどもメリットも感じない。それは，一問一答式の対処法を鍛錬するにはよいかもしれないが，歴史的思考力を中長期的スパンで涵養するにはあまりに慌ただしすぎる。

効率性を求めるに性急でありすぎて量をこなすことばかりにとらわれ，その結果，質を軽視することになってはならない。よいワインであるほど，それなりの長い時間をかけてじっくりと熟成させていくべきものだというではないか。大学教育にもワインの長期熟成のように，一定のゆとりがあってもいい。古き良き時代の大学に郷愁を覚える，しがない一介の歴史教師には，つくづくそのような淡い思いが湧いてでてくるのであった。

＊　＊　＊

本書には「ちょっとひと息」なるコーナーも設置されているが，これは「はじめに」で言及したように実際の学生との対話を再録したものが多く含まれている。なかには実名での登場もあるが，これは学生本人に本書刊行の際どのようなペンネームで載せてほしいかということをあらかじめ申請してもらい，それがそのまま本書の原稿にも反映した結果である。

こうしたコーナー設置にもみられるとおり，筆者のつたない授業に今までつきあってくれた学生諸君との対話なくして本書の完成はありえなかった。折しも，本書執筆までには勤務校において平成 29（2017）年度全学教育貢献賞なるものを受賞するという，地味に生きてきた者にとっては実に晴れがましい栄誉に浴することにもなった。これとてやはり，多くの受講生による授業参加がなければ果たしえなかった。

原稿作成の過程では，ここには書ききれないくらい多くの方がたに，ワインそのものについてのご教示をいただいた。とりわけ，すでに腐れ縁になりつつあるボルドー在住のワイン商・加藤尚孝さんには，フランス調査の際にさまざまな生産者のもとに案内していただき，そのたびにディープなワイン体験を味わう貴重な機会に恵まれた。また，シャトー・ラグランジュ副会長の椎名敬一さん，シャトー・クテット（サン＝テミリオン）のMatthieu David-Beaulieuさんにも，奥深いワイン知に触れさせていただいた。さらには，たいへんありがたいことに，立命館大学の南直人先生，奈良女子大学の山辺規子先生には，素人に毛が生えたような筆者を豊かな食文化の世界へと誘っていただいた。ご教示いただいたことを本書のなかで十分に発揮できたわけでは毛頭ないが，諸氏をはじめお世話になったすべての方がたに対して，ここに心よりの感謝の意を表したい。

本書の原稿完成までには，予想をはるかに上回る時間がかかってしまった。これもひとえに，筆者の無能と怠惰（と体調管理の不徹底）によるところが大きい。それにもかかわらず，本書企画化の当初から筆者の遅々としてすすまぬ作業を忍耐強く見守りつつ，本書製作上のさまざまな助言を惜しみなくあたえてくださった東北大学出版会の小林直之さんに最大限の感謝を捧げるしだいです。

平成31年2月吉日　　杜の都・広瀬川を遠望しつつ

野村 啓介

<著者紹介>

野村　啓介（のむら　けいすけ）

1965年，福岡県生まれ。九州大学，ボルドー第3大学をへて，1998年より鹿児島大学法文学部助教授，2003年より東北大学大学院国際文化研究科助教授（2007年より准教授，2019年より同教授），2022年より二松學舍大學文学部教授，現在にいたる。

日本酒サービス研究会・酒匠研究会連合会 (SSI) 認定 唎酒師，日本酒品質鑑定士；ビア＆スピリッツアドバイザー協会 (BSA) 認定 ビアアドバイザー等
全日本ソムリエ連盟 (ANSA) ソムリエ
日本ソムリエ協会 (JSA) 認定 ワインエキスパート

〔主著〕

『フランス第二帝制の構造』九州大学出版会（2002年）。
「近代フランス・ボルドーの商人と地域権力―1855年パリ万国博覧会とワイン―」，玉木俊明・川分圭子（編）『商業と異文化の接触―結合される世界の経済』吉田書店（2017年）所収。
『ナポレオン四代 ―二人のフランス皇帝と悲運の後継者たち―』中公新書（2019年）。

装幀：物部 朋子（HAKULO）

ヨーロッパワイン文化史
―銘醸地フランスの歴史を中心に―
Histoire culturelle du vin en Europe et en France

2019年3月28日　初版第1刷発行
2023年9月22日　初版第2刷発行

著　者　野村 啓介
発行者　関内 隆
発行所　東北大学出版会
〒980-8577　仙台市青葉区片平2-1-1
TEL：022-214-2777　FAX：022-214-2778
https://www.tups.jp　E-mail：info@tups.jp
印　刷　社会福祉法人　共生福祉会
萩の郷福祉工場
〒982-0804　仙台市太白区鈎取御堂平38
TEL：022-244-0117　FAX：022-244-7104

ISBN978-4-86163-315-7　C3022
定価はカバーに表示してあります。
乱丁，落丁はおとりかえします。